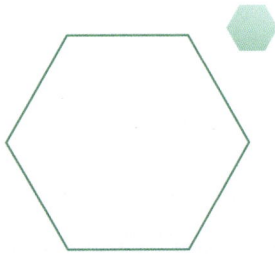

城市群空间集聚的
环境效应研究

张晓嘉◎著

经济管理出版社
ECONOMY & MANAGEMENT PUBLISHING HOUSE

图书在版编目（CIP）数据

城市群空间集聚的环境效应研究 ／ 张晓嘉著.

北京：经济管理出版社，2025. 3. -- ISBN 978-7-5243-
0269-8

Ⅰ. X21

中国国家版本馆 CIP 数据核字第 2025R1T240 号

组稿编辑：谢　妙
责任编辑：谢　妙
责任印制：张莉琼
责任校对：蔡晓臻

出版发行：经济管理出版社
　　　　　（北京市海淀区北蜂窝 8 号中雅大厦 A 座 11 层　　100038）
网　　　址：www. E-mp. com. cn
电　　　话：（010）51915602
印　　　刷：北京市海淀区唐家岭福利印刷厂
经　　　销：新华书店
开　　　本：720mm×1000mm/16
印　　　张：11
字　　　数：185 千字
版　　　次：2025 年 3 月第 1 版　　2025 年 3 月第 1 次印刷
书　　　号：ISBN 978-7-5243-0269-8
定　　　价：88. 00 元

前　言

改革开放以来，中国经济实现了增长奇迹，但在这一过程中，重经济增速、轻环境资源造成了我国资源环境被严重破坏。为了遏制环境进一步恶化，各级政府高度重视生态环境建设，将生态文明建设加入顶层设计和总体布局中。随着经济全球化的深入和城市化进程的加速，城市群逐渐成为新型城镇化的主体形态，并积极参与全球竞争和国际分工。在这一过程中，生态环境建设对城市群实现可持续发展和提升国际竞争力具有重要意义。

本书以中共中央、国务院 2018 年发布的《中共中央　国务院关于建立更加有效的区域协调发展新机制的意见》中提出的七大国家级城市群共 132 个城市为研究样本，构建城市面板数据，以工业废水排放和工业二氧化硫排放为因变量衡量工业水污染和工业大气污染两种类型的污染物排放，采用固定效应面板模型分析城市群空间集聚对环境污染物排放强度和环境污染空间分布的影响。实证结果表明，城市群空间集聚对城市污染物排放总量有加剧和减排两种作用，对不同污染物具有异质性表现。空间集聚显著加剧了工业废水污染排放强度，但对工业二氧化硫污染具有一定的减排作用。以碳排放进行稳健性分析发现，城市群集聚对城市碳排放总量有显著的减排作用。在异质性检验中，沿海城市群对工业废水的治理效应比内陆城市群更强，内陆城市群对工业大气污染的排放抑制效应更强。少中心城市群对工业废水的污染加剧作用低于多中心城市群。另外，城市群污染物分布呈现中心低外围高的空间结构，并呈现污染从中心向外扩散的空间结构，外围城市的工业大气污染随着与中心城市的距离的增大而增强。城市群空间集聚促进污染物形成中心低外围高的分布结构，并显著降低了城市群内圈的大气污染强度，但城市群空间集聚不是大气污染在城市群外圈污染高悬的原因。在异质性检验中，直辖市中心城市群的中心—外围污染极差比省会中心城市群更高，跨省外围城市工业污染强度比同省外围城市更高。但城市群空间集聚不是产生这种现象的原因，可能是行政力量导致了这种结构出现。

在基准回归的基础上，本书进一步研究了城市群空间集聚对环境污染规模和分布的塑造机制。从实证结果来看，第一，城市群互动促进了城市间的知识流动、传播、重组和互补，产生了知识溢出的外部性；第二，城市群集聚加快了城市群内部的产业分工，推动了服务专业化和城市功能化，促进了制造业服务外包，延长了产业链，使价值链得到攀升；第三，城市群促进了区域环境治理的协同程度，推动了区域环境治理小组的成立。城市群空间集聚通过上述三种机制，最终推动了城市低污染发展，减少了污染重复治理和低效治理，进而降低了城市群污染物的排放规模。城市群空间集聚有助于：第一，形成中心城市功能化、外围城市制造专业化的产业布局，促进以贸代工，降低污染物排放，并在中心—外围城市形成多样化和专业化的外部性，促使企业生产提质增效。第二，促进人力资本在城市间分化，促进中心城市高低技能劳动力互补从而产生外部性，也促使外围城市制造技术专业化。第三，中心城市人口集聚密度增大、生产要素价格升高导致中心城市的污染成本更高，进而促使中心城市与外围城市形成环境规制"剪刀差"。城市群空间集聚通过以上三个机制塑造了城市群的污染空间结构。

根据实证结果，本书对城市群高质量发展和生态建设提出了相应的政策建议。第一，进一步推动依托大城市发展的城市群体系建设，促进城市群空间集聚，以城市群集聚规模带动城市化发展，加速人口向城市流动，扩大城市群集聚效应。第二，完善地方政府考核制度，落实管理目标责任制、环保终身责任制等环保考核办法，遏制地方政府为追求发展而造成的"污染天堂"现象。在城市群污染产业转移承接过程中避免地方环境规制竞争，充分考虑地区经济环境资源差异并推动污染产业有序转移和承接。第三，推动城市群技术共享，通过搭建不同地区间的技术交流平台、资源共享平台、数据开放平台，对知识在大空间上的溢出不足做出一定的改善。第四，减少行政干预引起的产业同构，明确城市区域分工定位，建立分工明确、层次清晰的城市体系，促进城市群向绿色高质量发展转型。第五，畅通城市群劳动人口、技术人才的流通渠道。以城市群为单位进一步放开城市间的人口流动，促进高技能工人的区域流动，减少低技能工人进入大城市的限制。第六，打破城市群地区间的行政分割，促进污染协同治理，将京津冀、长三角、珠三角城市群区域污染防治协作小组的经验推广到全国各地区、各城市群。加强地区间污染治理行动的沟通，畅通政府和社会各界间的协调渠道，推动设立环境联合治理组织，完善城市群环境建设。

张晓嘉

2024 年 12 月

目 录

第1章 绪论

1.1 研究背景、研究概述和研究意义

1.1.1 研究背景

随着城市化进程的加速和经济社会的发展，城市群集聚已经成为世界各地的常见现象。城市群集聚不仅带来了经济发展和就业机会，也给环境带来了巨大的压力。一方面，在城市群集聚中，人口、工业、交通等资源的密集集聚导致了废气、废水、垃圾等环境污染物的大量排放，进而导致大气、水和土壤污染等严重的环境问题。这些环境问题不仅影响居民的生活质量和健康，也对生态系统和经济发展产生了深远影响。但是也有一些研究指出，城市群集聚具有减排作用。比如，在城市群中，集中的人口和产业能够实现规模化的环保技术和设施建设，从而降低污染物单位排放量。此外，城市群集聚也有利于优化能源利用结构和交通运输体系，促进低碳发展。这些研究结论存在差异的可能原因是，城市群集聚的影响不仅取决于城市群的规模、密度和结构等因素，还取决于地理环境、经济结构和政策环境等多方面因素的交互作用。为了更加准确地评估城市群集聚对环境

的影响，需要深入探究城市群集聚对环境污染的影响机理和影响范围。因此，本书旨在研究城市群空间集聚对污染物排放的影响，并进一步探究城市群集聚对环境的可持续性影响。

（1）城市群成为新型城镇化主体形态，参与全球分工与竞争。随着经济全球化的深入，国际贸易、国际资本流动和技术创新日益加速，全球经济体系日趋紧密相连。在这样的背景下，各国之间的合作与竞争变得更加激烈，而城市作为经济发展和社会进步的重要引擎，逐渐成为全球竞争的主要舞台之一。城市之间的联系也日益密切，城市群聚现象更加普遍，形成了以经济联系为主要纽带的城市群体系，这些城市群之间的相互关系在国际经济和社会发展中起了重要作用。2006年，"十一五"规划纲要中首次提出"把城市群作为推进城镇化的主体形态"的要求。2014年《国家新型城镇化规划》进一步强调"以城市群为主体形态"。党的十九大报告提出，以城市群为主体构建大中小城市和小城镇协调发展的城镇格局。这标志着将城市群的地位从主体形态提升到主体地位。2018年，中共中央、国务院发布的《中共中央 国务院关于建立更加有效的区域协调发展新机制的意见》指出，以京津冀城市群、长三角城市群、粤港澳大湾区、成渝城市群、长江中游城市群、中原城市群、关中平原城市群等城市群推动国家重大区域战略融合发展，建立以中心城市引领城市群发展、城市群带动区域发展新模式，推动区域板块之间融合互动发展。城市群成为新型城镇化的发展方向。

随着经济全球化和区域一体化进程的推进，城市群整体竞争力不断增强，逐渐成为经济发展的引擎，成为国家参与全球竞争和国际分工的全新地域单位。据不完全统计，中国近20个城市群，人口占全国的58%左右，GDP占全国的67%左右。京津冀、长三角和珠三角三大城市群区域面积占全国的5%左右，但聚集了全国约25%的人口，贡献了37.8%的GDP。城市群是中国城镇化的必由之路，也是中国参与国际竞争的重要主体。

（2）城市群环境污染问题仍然存在，环境治理迫在眉睫。随着城镇向都市圈化、城市群化方向发展，城市群环境污染问题仍然存在，影响了生态环境的可持续发展。例如，京津冀地区曾经出现的雾霾现象，长三角地区和珠三角地区曾出现的酸雨现象，这些都是城市群生态环境受到严重破坏的表现。

2015 年冬季数据显示，京津冀地区及周边 70 个城市中有 18 个城市出现了中度以上大气污染，其中京津冀城市是重灾区，廊坊、邢台、北京、保定、石家庄、衡水等城市污染较为严重。同时，酸雨问题也应引起重视，2016 年长三角地区的降水 pH 值平均为 5.2，低于酸雨阈值（5.6），酸雨频率达到 67.19%，对森林、土壤生态系统造成了严重破坏，还会引起人体的呼吸道疾病。此外，城市群中存在跨流域水污染、跨区域空气污染等问题，而中心城市减排导致周边城市污染加剧的情况也时常出现，城市群生态环境可持续发展面临巨大挑战。

因此，环境治理迫在眉睫。为了解决城市群环境污染问题，许多城市群已经制定了一系列环境保护措施。例如，京津冀地区联合发布了《2017—2018 年秋冬季大气污染综合治理攻坚行动方案》，实施"煤改气"等重点行动，推进大气污染防治。在长三角地区，实施了一系列的酸雨防治措施，例如，采取降低工业排放和交通污染等措施。在珠三角地区，政府出台了一系列环保政策，如推进节能减排、鼓励新能源的使用等。这些措施取得了一定的成效，但是仍然面临着一些挑战，如如何平衡环境保护与经济发展的关系、如何提高治理的效率和精度、如何加强区域间的协同治理。

城市群环境污染的问题涉及城市群内的经济、社会、政策等多方面因素，因此治理难度大。政府和企业在环保政策上的资金投入不足、环保意识的普及度低、环保技术应用不足等问题是城市群环境污染的主要原因之一。解决城市群环境污染问题需要政府、企业和公众的共同努力，通过制定和执行更为严格的环境法规和标准、加大环境投资和科技创新等措施来实现可持续发展。

（3）经验研究指出城市群集聚并不是环境问题的元凶，但城市群发展过程中的弊病会加剧环境污染。在城市群集聚的过程中，人口、产业和资本等要素集中在城市群中心城市，形成了一种以中心城市为核心、周边城市为支撑的城市体系。这种城市体系的出现，带来了许多便利，如更高效的生产和分配方式、更便捷的交通运输、更广泛的社交网络等，这些便利是城市群取代传统城市的原因之一。但城市群化也带来了一系列的负面影响，其中较突出的问题是环境污染。

经验研究表明，城市群集聚并非环境问题的元凶。相反，城市群的发展对环境的改善和保护具有积极意义。首先，城市群内部的协同作用可以促进资源的优化配置和循环利用，减少对资源的浪费和消耗。其次，城市群的集聚效应可以带动技术的创新和发展，从而提高生产效率和质量，降低能源消耗和排放量。最后，城市群的集聚可以促进经济结构的升级和转型，从而实现环境与经济的双赢。

然而，城市群发展过程中的弊病也会加剧环境污染。首先，城市群中心城市的过度发展会导致周边城市的资源空心化和生态系统退化，从而形成城市群中心城市的富裕与周边城市的落后现象，使得环境问题更加突出。其次，城市群中心城市与周边城市之间的"相对剥夺"现象会加剧环境问题。中心城市在减排方面的付出可能导致周边城市的污染物排放量上升，同时，周边城市在减排方面的成本也更高。最后，城市群同类产业过度集中、产业结构单一也是环境问题产生的重要因素。例如，长三角地区汽车、电子、化工等传统制造业相对集中，加剧了城市群内的同类资源消耗，产生大量的生产废弃物和消费废弃物，而高端制造业、文化创意产业等新兴产业的发展相对滞后。

城市群集聚对环境问题的影响既有积极的一面，也有消极的一面。城市群发展需要在维护环境质量方面做出努力，避免中心城市和周边城市之间的环境差距过大，保持合理的空间结构和环境质量，实现城市群和谐发展。

1.1.2 研究概述

在上述背景下，对城市群集聚的环境效应的研究一直是学术界和实践界关注的热点问题。尽管城市群集聚在推动区域经济发展、提高生活质量等方面带来了很多好处，但也可能对环境带来不利影响。近年来，学术界已经开展了大量的研究探讨城市群集聚对环境污染的影响，然而，目前仍然存在着各种争议和不确定性。

一些研究认为，城市群集聚会加剧环境污染。例如，城市群中大量的交通和工业活动会导致大气污染、水体污染和垃圾处理等环境问题。此外，城市群集聚会吸引更多的人口和企业进入，导致资源消耗增加，环境负荷加重。这些研究多数是基于实证数据和模型分析得出的结论。柴泽阳和申伟宁（2022）认为城市群集聚带来了环境污染的复合效应和外溢效应，城市群内部竞争在引致本地污染排放加剧的同时，还导致周围城市的环境污染加剧。还有研究认为，城市群污染具有中心—外围模式，中心城市的清洁化是以污染物向外围转移为代价的，外围污染加剧，导致城市群整体污染水平上升（卢洪友和张奔，2020）

　　然而，也有一些研究指出城市群化对环境产生积极影响。这些研究认为，城市群化可以提高能源利用效率，推动环保技术的应用，进而减少污染物排放和废弃物产生。此外，城市群化可以促进交通优化和公共服务设施建设，改善居民生活质量。格莱泽（2012）在《城市的胜利》中认为，城市不仅会使人们更富有，而且更绿色环保。因为紧凑的居住方式改变了人们的交通方式，居住在大都市的人们更倾向于采用公共交通出行。美国数据显示，纽约州的能源消费量居美国各州的倒数第二，充分说明了城市化并不代表着污染，相反可能代表了绿色经济的生活方式。陆铭和冯皓（2014）指出地区非均衡发展有利于降低地区污染物排放，污染物的排放和治理具有规模经济效应，空间集聚可能是控制污染物排放的重要机制。张红凯（2022）发现城市群政策不仅能提升城市群人均 GDP，还能显著改善城市环境，实现经济红利和环境红利。

　　还有研究认为，城市群化的环境效应存在门槛效应，当城市规模过大时，城市化带来的环境改善效应会转变为负向效应。刘习平和宋德勇（2013）认为，城市规模越大，城市集聚所带来的环境改善效应就越大，但超过阈值（城市非农业人口超过 200 万）时，城市人口和产业集聚就会对城市环境产生负面影响。

　　本书研究的问题是围绕城市群化对环境的影响，进一步明确城市群化是否为可持续发展的。具体而言，本书旨在探究城市群空间集聚对污染物排放和分布的影响，并确定影响的方向和影响机制。本书研究的目的在于深入认识城市群化对环境的影响机理，以期为相关部门制定科学有效的城市群环保政策提供理论和实证依据。

1.1.3 研究意义

在全球化和城市化背景下，城市群的重要性逐渐凸显。城市群的形成可以促进城市之间的协作和竞争，提高城市的经济竞争力和发展水平。城市群的建设还可以优化资源配置，提高社会服务和基础设施建设水平，增强城市的吸引力和影响力，从而推动地区和国家的整体发展。然而，城市群的快速发展也带来了一系列环境问题，尤其是环境污染问题。环境污染不仅会影响人类的健康和生存环境，还阻碍了城市的可持续发展。2017年，中国共产党第十九次全国代表大会提出中国经济由高速增长阶段转向高质量发展阶段。党的十九大报告中指出高质量发展应该以"建立健全绿色低碳循环发展的经济体系"为方向。只有在绿色发展与城市群发展相互协调的基础上，城市群才能发挥最大的潜力，实现可持续发展目标。在此背景下，研究城市群发展对环境污染的影响具有重要意义。

第一，明晰城市群空间集聚的环境效应有助于确定城市化发展道路。在以往对城市化发展的研究中，曾发生过大城市和小城镇发展道路之争。有的学者认为人口应该进一步向大城市集聚，发挥大城市增长极效应。但有的学者认为人口过度集聚导致城市拥挤、资源短缺、环境污染，人口城市化应该以小城镇为主体进行。这一争论与地方是否应该限制工业活动集聚以达到环保要求实质上相关。一方面，降低工业集聚（限制城市规模）将减轻地区的生态环境资源压力，促进地区可持续发展，可这种发展模式也会损失集聚经济带来的巨大效益，使城市竞争力下降；另一方面，对于继续污染的集聚模式，一旦污染总量超过地方生态环境承受的极限，形成不可恢复的"棕地""锈带"，生产活动就无法继续进行。进行城市群空间集聚的环境效应研究，确定城市群集聚的环境外部性，有助于把握中国城市群发展现状，确立城市群可持续发展道路。

第二，研究城市群集聚的环境效应有助于制定合理的污染防控和环境治理政策。了解污染源和排放特征，有助于制定科学的环境治理和污染防控措施。由于城市群的发展是非均衡的，表现为少数核心地区带动多数边缘地区发展（极化扩散效应），城市群的工业活动也在空间上表现出相应的特征，由此形成特定的污染空间分布。但随着工业现代化的发展，核心城市的制造业逐渐被现代服务业替代，工业活动外迁，向外围城市聚集。在这种情况下，污染物分布也将随着产业迁移而重新分布。通过污染物空间分布的研究，识别和优化城市群的污染控制区域和污染防治措施，有利于改善城市群的环境质量，提高城市的可持续发展水平。

1.2 概念界定

1.2.1 城市群集聚

在城市化进程中，随着城市的不断发展，周边地区的经济、社会、文化联系日益紧密，形成了一些以城市为中心的人口聚集区域，而随着人口集聚规模的扩大，逐渐形成城市群落。我们把这种现象叫作"城市群集聚"。城市的生产活动不仅受到本地的影响，还受到毗邻城市的影响。Alonso（1973）提出了"借用规模"（Borrowed Size）的概念，用来指代那些围绕大都市分布的小型城市借用毗邻大城市规模而获得的外部规模，显然城镇群落中存在"借用规模"。本书以城市群集聚为研究对象，将从城市群内其他城市"借用的外部规模"作为城市群集聚的代理变量。

城市群、都市区、大都市区的概念界定与区分。城市群、都市区和大都市区是较为相近的概念，它们在定义、规模和范围方面有所不同，但都反映了城市化进程中人口、经济和文化聚集的趋势。城市群是指在一定的地理范围内，聚集了相当数量不同规模、类型和等级的城市，依托一两个超大或特大城市作为经济核心，借助现代交通和综合运输网络以及高度发达的信息网络，产生地区内部联系，形成相对完整的城市综合体。城市群的规模通常较大，覆盖的地域范围比较广，人口数量也较多。都市区是指一个主城市及其周边的城市和乡村地区组成的城市化区域。它通常由一个中心城市和周边市镇、乡村地区组成，相对于城市群，它规模较小，但人口密度较大。大都市区是一个更为具体的概念，通常是指一个地区内的一个或多个主要城市及其周边地区，这些地区人口数量较多、经济活动较为发达，区域内存在着密切的经济、社会、文化联系。

我国在引进城市群相关概念的过程中采取了多种译名，如"巨大城市带"（Megalopolis）、"大都市带"、"大城市连绵区"、"大城市集聚群"。2006年，"十一五"规划明确提出将"城市群"作为推动城镇化的主体形态，自此"城市群"成为这一新地域空间约定俗成的术语，学术界也以"城市群"为对象进行了一系列研究。尽管都市区、大都市区的概念在城市功能区域研究中具有重要意义，但由于我国都市区、大都市区的地域范围划分较不明晰，相关研究者持各家之言，且以"都市区"为研究对象的文献相较于以"城市群"为研究对象的文献相对缺乏，因此本书采用了"城市群"为研究对象。

1.2.2 环境效应

环境效应是指人类活动对环境所产生的影响，包括正面效应和负面效应。其中，正面效应是指人类活动对环境所产生的积极影响，如环保技术的创新和应用、交通设施集中所带来的减排作用等；负面效应则是指人类活动对环境所产生的消极影响，如大气污染物、水污染物、土壤污染物排放增加等。环境效应通常被用来衡量环境治理措施的成效，是评估各种政策和行动对环境影响的重要依据，对制定环保政策和环保规划具有重要的指导作用。

1.2.3 中心城市和外围城市

中心城市是特定区域内的大型城市，扮演着重要的经济角色和社会角色，同时还具有综合功能和枢纽作用。除了在生产、服务、金融和流通方面，中心城市还充当行政中心、交通运输中心、信息和人才集聚中心。外围城市是指在同一个城市层级外，除中心城市以外的所有城市。在现有的研究中，中心城市主要以常住总人口数、人口密度、城镇化率、净迁移人口比大于某个基数来确定。本书中城市群发展规划和城市群内经济地位共同决定城市群的中心城市，而其余城市被统一视为外围城市。

1.3 研究方法、研究框架和研究内容

1.3.1 研究方法

本书采用文献研究法、定性和定量相结合分析法、固定效应面板分析法等方法进行分析。

第一，文献研究法，本书在确定研究目标和研究内容时参考了大量国内外文献，并在文献综述部分梳理了环境污染、城市群、城市群和环境污染三个部分的理论发展脉络，阐述了环境库兹涅茨曲线争论，全球贸易发展和污染避难所假说、成本假说和波特假说；阐述了城市群概念由来、城市群微观基础包括增长极理论、中心地理论、核心边缘理论、借用规模等；还阐述了城市群和污染的理论实证发展，包括区域一体化对环境污染的影响、城市群扩容对污染的影响等。

第二，定性和定量相结合分析法，本书采用定性分析和定量分析明确研究对象的特征，首先通过理论的概念界定明确城市群集聚的环境效应概念，并通过理论构建模型推演城市群环境污染演变；其次通过城市群环境数据定量分析，以及对环境污染物排放和城市群规模、城市群基础设施的关系的定量分析揭示研究对象的微观机制。

第三，固定效应面板分析法。本书采用面板分析技术进行定量分析。采用这种分析方法的理由是，面板方法可以固定个体效应和时间效应，消除误差项中的遗漏变量影响。

1.3.2 研究框架

本书旨在探讨城市群空间集聚对污染物排放和污染物分布的影响以及影响机制。为此，本书通过文献梳理和理论推演提出了研究假说，并通过实证分析印证了对城市群经济集聚和环境污染的关系的猜想假说。

本书按照技术路线图（见图1-1）的流程进行研究。第一，本书通过绪论的背景描述、概念界定、研究概述来确定研究问题。第二，本书通过现状分析对研究对象进行初步的介绍，并采用数据整理、图表分析的方法对研究问题进行初步的分析。第三，本书通过梳理文献，挖掘三个方面的研究文献：核心被解释变量的影响因素的文献，核心解释变量产生的效应的文献，以及核心解释变量和被解释变量之间关系的文献，整理现有的研究观点，奠定理论研究的基础。第四，本书通过数理模型和文献理论推演针对研究问题的猜想假说，并提出研究假说，完善本书的理论基础。第五，在理论基础之上，本书基于定量定性分析方法对研究问题、研究假说进行实证分析，主要包含三部分，即第5章城市群空间集聚影响污染物排放的实证研究、第6章城市群空间集聚影响污染物分布（主要是污染物在中心城市和外围城市之间的分布）的实证研究，以及第7章城市群空间集聚影响环境污染的作用机制研究。第六，本书总结实证分析得到的结果，并根据结果提出政策建议，最后总结研究的不足并展望未来。以上为本书的研究框架。

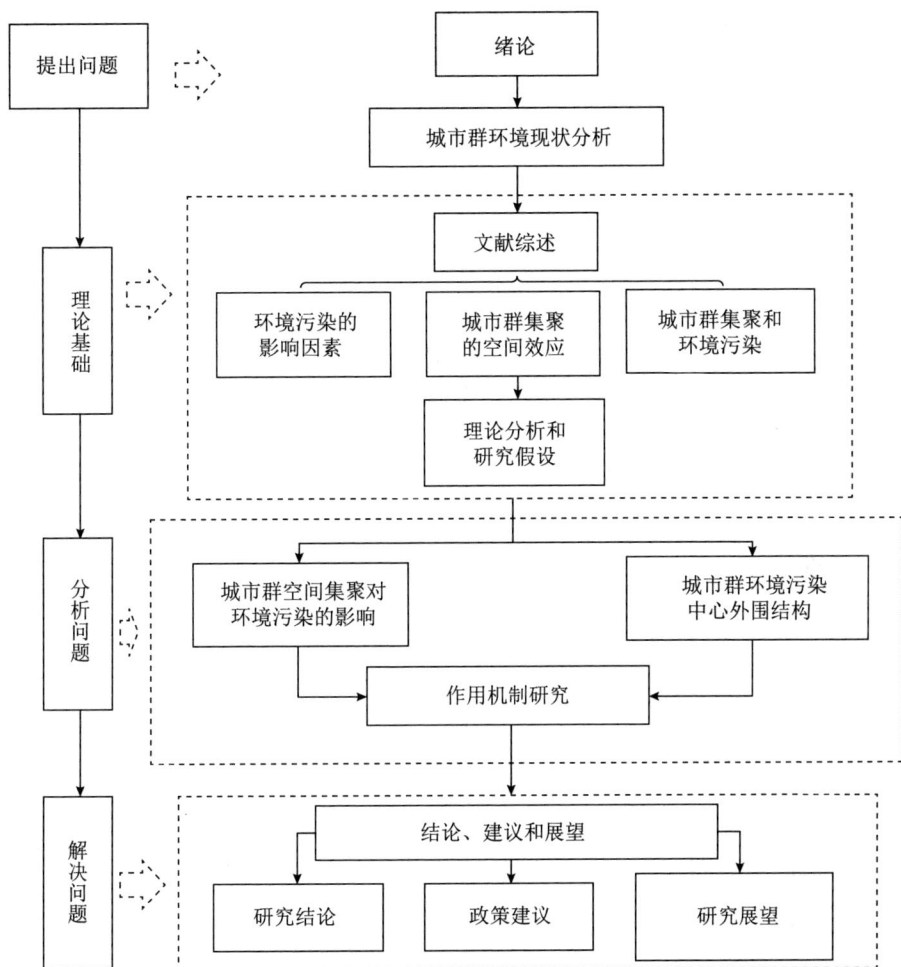

图 1-1　技术路线图

1.3.3　研究内容

本书主要提出三个问题：①城市群是一种空间分工组织形式，这种城镇集聚的形态是否对污染物排放产生影响，影响为正还是为负？②这种影响是否在中心城市和外围城市之间存在异质性，从而形成特殊的污染物分布？③城市群集聚影响污染排放的作用机制是什么？本书的关键章节围绕这三个问题进行介绍。

第 1 章为绪论。本章介绍了本书的研究背景、研究概述和研究意义，并对城市群集聚、环境效应、中心城市和外围城市等研究对象进行概念界定，还阐述了本书的研究方法和主要研究内容，最后通过上述论述确定本书的研究创新点，为后面的研究奠定基础。

第 2 章为环境规制和城市群生态污染现状分析。本章主要从环境规制、水环境污染和大气环境污染三方面分析，给出了目标城市群范围、环境规制演进过程、城市群工业水污染物排放现状分析、工业大气污染物排放现状分析以及污染治理能力现状分析。

第 3 章为文献综述。基于研究主题，从环境污染的影响因素、城市群集聚的空间效应、城市群集聚与环境污染的相关关系三个方面进行了文献梳理，着重对污染避难所、城市体系的借用规模、增长极理论以及城市群与环境污染的文献等方面进行了整理，通过对文献的归纳进一步明确了本书的研究对象。

第 4 章为城市群空间集聚影响环境污染的理论研究。这一章主要分为两个部分：第一，通过构建两部门多城市的垄断竞争空间模型考察城市群空间集聚对环境污染物排放的影响，并进一步通过构建两地区空间模型考察不同环境规制不同人力禀赋下两地区的污染物分布。第二，在数理模型的基础上，基于城市体系经典理论对城市群塑造污染规模和污染物分布的作用机制进行分析，分别提出研究假设。

第 5 章为城市群空间集聚影响污染物排放的实证分析。本章以城市群集聚为解释变量，以工业废水污染和工业二氧化硫污染强度为被解释变量，实证探讨城市群集聚对污染物排放的影响。本章在基准检验的基础上还做了稳健性检验和异质性检验。

第 6 章为城市群空间集聚影响污染物分布的实证研究。本章实证探讨城市群污染物分布是否存在中心—外围结构，以及城市群集聚是否加剧了外围城市污染。这里以国家公布的国家级中心城市或城市群内最高经济中心为中心城市，以离中心城市 150 千米的城市为周边城市，检验污染的中心—外围结构，并在此基础上进行异质性检验。

第 7 章为城市群空间集聚影响环境污染的作用机制研究。本章考虑城市群空间集聚对污染物排放、污染物分布的作用机制，根据理论假说，城市群空间集聚通过技术创新、产业结构优化、污染协同治理等作用机制影响污染物排放，又通过产业布局、人力资本分化、中心—外围环境规制极差等作用机制影响污染物分布。本章对这些城市群空间集聚对污染的作用机制进行了检验。

第 8 章为结论、建议和展望。本章对全书的研究结果进行了总结，在此基础上对城市群发展规划及城市群环境政策制定等方面提出了相关建议，并针对本书研究过程中的局限性，提出了未来的研究方向和内容。

1.4 创新之处

本书的主要创新之处如下。

第一，拓宽了研究视角。尽管有关经济集聚和环境污染的关系的研究已相对丰富，但相关文献大多从城市群集聚和区域一体化视角出发，讨论城市群集聚对环境污染的影响。此类研究往往只从城市群扩容或城市群政策出台的政策效应角度来考察城市群设立对环境污染的短期效应，缺乏长时序下对城市群环境污染的整体研究。本书从城市群集聚视角出发，不仅研究了城市群集聚对城市水污染物和大气污染物排放强度的影响，还研究了城市群集聚对污染空间分布的影响，并进一步研究了城市群集聚影响污染物排放和分布的作用机制，丰富了城市群集聚和环境污染领域的研究。

第二，进一步挖掘了城市群发展模式对污染规模、分布的塑造机制。目前大部分研究停留在探讨城市群一体化政策或者国家中心城市政策对污染的政策效应影响上，以政策发布这一准自然实验分析城市群政策的环境效应，缺少理论机制研究。而在已有的城市群对污染的机制研究中，大多仅选择某一城市群为研究对象，或选择某个机制如产业转移作为研究对象，缺少其他区域和其他机制的理论及实证研究。本书在《中共中央 国务院关于建立更加有效的区域协调发展新机制的意见》的指导下选择全国布局的七个主要城市群为样本进行研究，拓宽了城市群的地域特征。另外，本书从技术创新、产业结构优化、城市群污染治理协同等作用机制讨论了城市群空间集聚对污染规模的影响，从产业布局、人力资本分化、环境规制极差等传导机制上讨论了城市群发展模式对污染分布、污染空间结构的塑造，丰富了城市群发展形式对城市群污染的作用机制研究，以期对城市群污染领域的研究作出边际贡献。

第三，在实证方面，本书首先考虑了多种差异化的污染物，以控制城市群空间集聚的污染物异质性表现；其次考虑了中心污染和外围污染的不同模式，外围污染与中心距离的相关关系等现实问题，通过剔除中心城市、非边界城市进一步控制了实证结果的稳健性；最后从城市群中心—外围模式的异同中讨论了行政力量对污染空间分布的影响。本书从水污染和大气污染、中心城市和外围城市、产业布局和人力资本分化、城市群污染治理协同和环境规制极差等多个角度出发，深入挖掘了城市群空间集聚对环境污染的影响，对推动城市群持续健康发展、区域节能减排，以及促进城市群在全球价值链中攀升具有重要意义。

第2章 环境规制和城市群生态污染现状分析

2.1 目标城市群

随着全球化进程的加速，城市的规模和影响力也在不断扩大，城市群已经成为推动经济发展和区域一体化的重要力量。在中国，随着城市化的快速发展，城市群成为国家新一轮城市战略的核心。

据不完全统计，中国有近 20 个城市群，人口占全国的 58% 左右，GDP 占全国的 67% 左右。笔者以京津冀、长三角和珠三角三大城市群为例阐述中国城市群的发展现状。京津冀城市群区域面积约为 21.6 万平方千米，2020 年常住人口约为 1.1 亿人，贡献 GDP 约为 8.65 万亿元，占总 GDP 的 8.5%。长三角城市群区域面积约为 21.17 万平方千米，占全国总面积的 2.2%，2020 年常住人口达 1.65 亿人（占全国总人口的 11.7%），却贡献了全国 1/5 左右的 GDP，约为 20.53 万亿元。珠三角城市群区域面积约为 5.54 万平方千米，仅占全国面积的 0.6%，但根据 2020 年数据，珠三角城市群常住人口为 0.78 亿人，GDP 总量为 8.95 万亿元，分别占全国的 5.5% 和 8.8%。京津冀、长三角和珠三角三大城市群区域面积占全国的 5% 左右，却聚集了全国约 25% 的人口，贡献了约占全国

37.8%的 GDP（见表2-1）。

表2-1 京津冀、长三角、珠三角三大城市群经济发展情况

城市群	区域面积		人口		GDP	
	总量/万平方千米	占比/%	总量/万人	占比/%	总量/亿元	占比/%
京津冀	21.6	2.3	11039	7.8	86521	8.5
长三角	21.17	2.2	16521	11.7	205368.7	20.5
珠三角	5.54	0.6	7817	5.5	89524	8.8

资料来源：笔者根据相关地方统计局数据计算而成。

本书依据 2018 年中共中央、国务院发布的《中共中央 国务院关于建立更加有效的区域协调发展新机制的意见》（以下简称《意见》），选取京津冀城市群、长三角城市群、粤港澳大湾区、成渝城市群、长江中游城市群、中原城市群、关中平原城市群作为目标研究对象。《意见》确立了中国城市化发展布局和七大城市群的发展战略地位。截至目前，七大城市群中的长江中游城市群、成渝城市群、长三角城市群、中原城市群、关中平原城市群和粤港澳大湾区的发展规划获得国务院批复。京津冀城市群发展规划（或国土空间规划）尚未批复。对获批复的城市群，本书采用城市群发展规划中的城市群划分范围作为目标城市群的行政范围；对于未批复的城市群，本书采用文献中常使用的城市群划分范围和行政边界。此外，尽管珠三角城市群并入粤港澳大湾区规划中，但该提法较新，因此较多文献仍以珠三角九市为研究对象，本书也沿用了以珠三角九市为目标城市群。

表2-2 列出了本书的目标城市群的规划范围。政府规划文件查询结果显示，城市群的行政范围划分发生了合并或扩张等变化。例如，长江中游城市群由原本的武汉城市群、环长株潭城市群和环鄱阳湖城市群组成；中原城市群的前身是郑州城市群；关中平原城市群的前身是关中—天水城市群，现加入了山西省部分城市；长三角城市群的行政范围也经历多次改变，传统意义上，长江三角洲的范围是指以上海市、江苏省南部、浙江省北部组成的地理区域，但根据 2010 年发布

的《长江三角洲地区区域规划》的规定，长三角区域是由上海、江苏、浙江两省一市组成的行政区域，而在 2016 年，《长江三角洲城市群发展规划》再次修改长三角的地域范围，将安徽省纳入长三角城市群范围，长三角城市群从两省一市25 个地级市扩容为三省一市 26 个地级市，一些曾经被纳入长三角城市群的城市如温州、徐州现未被纳入发展规划。

表 2-2　目标城市群地级市层面城市名单

城市群	主要包含城市
京津冀城市群 （13 个城市）	北京、天津、保定、唐山、廊坊、石家庄、秦皇岛、张家口、承德、沧州、衡水、邯郸、邢台
长三角城市群 （26 个城市）	上海、南京、常州、苏州、南通、盐城、扬州、无锡、镇江、泰州、杭州、宁波、嘉兴、湖州、绍兴、金华、台州、舟山、合肥、芜湖、马鞍山、铜陵、安庆、滁州、池州、宣城
珠三角城市群 （9 个城市）	广州、佛山、肇庆、深圳、东莞、惠州、珠海、中山、江门
长江中游城市群 （28 个城市）	武汉、黄石、鄂州、黄冈、孝感、咸宁、襄阳、宜昌、荆州、荆门、长沙、株洲、湘潭、岳阳、益阳、常德、衡阳、娄底、南昌、九江、景德镇、鹰潭、新余、宜春、萍乡、上饶、抚州、吉安
中原城市群 （29 个城市）	郑州、开封、洛阳、南阳、安阳、商丘、新乡、平顶山、许昌、焦作、周口、信阳、驻马店、鹤壁、濮阳、漯河、三门峡、长治、晋城、运城、邢台、邯郸、聊城、菏泽、淮北、蚌埠、宿州、阜阳、亳州
成渝城市群 （16 个城市）	重庆、成都、自贡、泸州、德阳、绵阳、遂宁、内江、乐山、南充、眉山、宜宾、广安、达州、雅安、资阳
关中平原城市群 （11 个城市）	西安、宝鸡、咸阳、铜川、渭南、商洛、天水、平凉、庆阳、运城、临汾

注：其中运城既属于关中平原城市群又属于中原城市群，邯郸、邢台既属于京津冀城市群又属于中原城市群。

资料来源：相关城市群的发展规划。

基于 LandScan① 人口数据可得到七大城市群的人口分布，由此可知，七大城市群大多由一个（两个）超大城市和多个中型城市组成，人口分布呈现出明显的聚集特征：第一，人口主要集中在超大城市和大城市；第二，人口聚集在城区。这种集聚特征表现在地理信息系统（GIS）地图上为密集点状分布。七大城市群的人口分布情况符合城市群的定义，即由多个城市和周边城镇或地区组成的地理空间单元。这些城市和城镇之间相互联系和相互依赖，形成一个整体，共同构成了城市群的经济、文化和社会发展的核心区域。

就人口分布而言，京津冀地区的人口主要聚集在北京市和天津市，距离北京300千米外的石家庄市是京津冀人口集聚的第三大城市，总体呈现一个中心特征。就长三角城市群而言，人口分布呈现一个中心多个核心的空间结构，上海面向全国，吸收了超大规模的人口，其他城市也共同发展，人口聚集形成了多个核心城市如南京、无锡、苏州、杭州和合肥等。珠三角城市群的人口主要聚集在广州、佛山、深圳和东莞等地，呈现连绵成片的分布趋势，既有中心城市又有人口较多的两翼地区。相对而言，珠三角城市群内城市规模差距并没有其他城市群表现得那么大。长江中游城市群的人口集中在武汉和长沙这两个城市，其中武汉市的人口密度更大，是长江中游城市群的中心，而其余非中心人口分布较为分散。成渝城市群的人口分布情况类似，主要聚集在成都市和重庆市主城区，而其余人口分布较为分散。中原城市群的人口多分布在郑州及郑州北部的新乡、安阳、邯郸、邢台组成的地带中。关中平原城市群的人口分布以西安为中心向外扩散，西安拥有较高的居住密度，而其他地区的人口分布较为分散。

尽管七大城市群均有人口集聚中心城市，有的甚至呈现出多中心的结构，但长江中游城市群、成渝城市群、中原城市群和关中平原城市群的人口聚集情况距离京津冀城市群、长三角城市群和珠三角城市群仍存在较大差距。这些城市群中的一些中心城市的人口规模较小，周围城市的人口分布也较为分散，存在一些发

---

① LandScan 是一种基于空间数据和影像数据的人口分析工具，使用了 Dasymetric 建模方法的技术，可以将行政边界内的人口普查数据分解，以反映出白天活动和集体旅行习惯等人口聚集情况。该工具可以提供高分辨率的人口分布数据，每个栅格的数值表示该区域内的平均人口分布情况，因此可以用来分析城市群的人口分布情况。笔者使用 Arc GIS 绘制的基于 LandScan 数据的人口分布图受篇幅所限，未在书中体现，感兴趣的读者可以联系笔者。

展问题。因此，在新的城市群发展规划下，七大城市群仍应该坚持走以中心城市发展带动周边城市发展的道路。同时，也应该发展一些节点城市，如长三角城市群的南京、苏州和杭州等城市，以扩大中心城市的辐射强度和辐射范围。

2.2 环境政策现状

2.2.1 环境政策演进

环境问题是人类面临的重要挑战之一。长期以来，各国政府和国际组织一直致力于制定和实施各种环境政策，以治理和保护环境。环境政策演进历程是一个漫长而复杂的过程，从最初的环境污染治理到现代的可持续发展理念，涉及政策目标、政策工具和政策效果等多个方面。本书将介绍中国环境政策演进历程，并探讨其在推动环境治理和可持续发展方面的作用和挑战。

本书参考余泳泽和尹立平（2022）、张小筠和刘戒骄（2019）的划分方法，将中国环境规制的政策变迁历程分为以下三个阶段：第一阶段（1949—2000年）环境政策初探阶段，第二阶段（2001—2011）政策落实转型阶段，第三阶段（2012年至今）创新阶段。

（1）环境政策初探阶段。在计划经济时期，环境保护没有明确地纳入经济管理体制中，但一些具有环保功能的政策和措施在一定程度上担起了环境保护的责任，环保事业尚在萌芽阶段。改革开放以来，在经济高速增长的同时伴随严重的环境污染问题，环境保护政策和法律法规成为经济社会发展的客观需要。1978年，首次将环境保护写入《中华人民共和国宪法》，1979年通过《中华人民共和国环境保护法（试行）》正式确立了环境保护的基本国策和"预防为主、防治结合""谁污染谁治理""强化环境管理"的三大环保政策。1989年正式颁布《中华人民共和国环境保护法》（以下简称《环境保护法》）、《中华人民共和国水污染防治法实施细则》，确立了中国环境规制体系的雏形。其后，《中华人民共和国大气污染防治法》（以下简称《大气污染防治法》，1995 年）、《固体废物污染环境防治法》（1995 年）、《中华人民共和国水污染防治法》（1996 年）、《中华人民共和国环境噪声污染防治法》（1996 年）纷纷颁布，全面完善了主要污染物的防治法律法规体系。1990 年，《国务院关于进一步加强环境保护工作的决定》在原五项制度的基础上增加了环境影响评价制度、"三同时"制度和排污收费制度。与此同时，环境管理机构的行政级别也得到进一步提升，1998 年国家环境保护总局（1982 年成立城乡建设环境保护部，部内设环境保护局，1988 年国家环境保护局从城乡建设环境保护部独立出来提升为副部级单位）被提升为正部级单位，全国各级政府机构也陆续设立了环境管理机构。

本书更为关注的是区域环境治理，改革开放以来，经济进入高速增长阶段，与此同时地方大气污染和酸雨问题频发。1998 年，《国务院关于酸雨控制区和二氧化硫污染控制区有关问题的批复》正式肯定了"两控区"政策，由此展开了短期（2000 年）和长期（2010 年）工作，将 175 个城市划定为"两控区"，通过源头治理和全过程控制限制高硫煤开采、生产、运输和使用，优先考虑低硫煤和洗选动力煤进入"两控区"城市。2002 年的《大气污染防治重点城市划定方案》划定了 113 个大气污染防治重点城市作为"十五"期间重要防治对象，这种突出重点、分步实施的防治原则取得了初步效果。重点地区和城市的大气污染总量得到严格控制。

（2）政策落实转型阶段。进入 21 世纪后，环境规制体系进入新的阶段，首先环境污染治理模式走向全过程治理，其次政策落实方面进一步加强。在这一阶段，《中华人民共和国清洁生产促进法》（以下简称《清洁生产促进法》，2002 年）和《中华人民共和国环境影响评价法》（以下简称《环境影响评价法》，2002 年）颁布。《清洁生产促进法》标志着我国污染治理模式从末端治理向全过程治理的转变。《环境影响评价法》改变了"先污染后治理"的模式，提出了"先评价后建设"的发展模式，即先对规划和建设项目可能的环境影响进行评估和先提出预防对策，这一转变强调了从源头治理的理念。

环境政策落实方面发生重要改变。2007 年国家环保总局与各省（区、市）政府签订了《"十一五"主要污染物总量削减目标责任书》，将明确的环境目标纳入政府政绩考核中。尽管 1990 年也有《国务院关于进一步加强环境保护工作的决定》将环境保护目标完成情况作为政绩考核的重要指标，但 2006 年的环境考核无疑更加严格，环境保护工作明确成为领导班子和领导干部的重要考核内容。2007 年，国务院颁布《主要污染物总量减排考核办法》，要求各省、自治区、直辖市人民政府把主要污染物（二氧化硫和化学需氧量）排放总量控制指标层层分解落实到本地区各级人民政府，实行考核问责制，并增加了"一票否决制"。"一票否决制"的提出无疑将地方政府的降污减排动力推升至最高，加快推动环境政策的落实。

（3）创新阶段（加入区域联防联治和新型市场化环境规制形式）。进入 21 世纪第二个 10 年后，中国对环境问题的关注达到空前高度，环保治理进入新阶段。首先，环境治理向区域联防联治方向发展，其次环境法治体系进一步完善，最后环境规制向市场化激励方向发展。

2013 年，国务院印发了《大气污染防治行动计划》（以下简称"大气十条"），不同于"两控区"政策、大气污染防治重点城市和主要污染物总量减排等行动，"大气十条"将防治的对象转向了可吸入颗粒物（PM_{10}）和细颗粒物（$PM_{2.5}$），并且推动跨区域防治，组织以区域为单位的联防联控行动，将京津冀、长三角、珠三角区域作为主要考察对象，设立到 2017 年三大主要目标区域细颗粒浓度分别下降 25%、20%、15%的区域性任务。2018 年，国务院发布《打赢蓝天保卫战三年行动计划》，进一步提倡区域联防联控布局，提出"继续发挥长三角区域大气污染防治协作小组作用"，其他重点区域进一步完善大气污染防治协作机制，以上行动为中国在 2020 年提出"碳达峰"和"碳中和"的"双碳"目标奠定了基础。

同样地，在水污染防治工作中也加入了协同治理的思路。2015 年，《水污染防治行动计划》（以下简称"水十条"）发布，计划要求对江河湖海实施分流域、分区域、分阶段的科学治理。基于水污染的流域特征，2016 年《关于全面推进河长制的意见》印发，河长制是指由中国各级党政主要负责人担任河长，负责组织领导河湖的管理和保护工作。河长制要求河长"协调解决重大问题，对跨行政区域的河湖明晰管理责任，协调上下游、左右岸实行联防联控"。由此可见，污染治理由各级政府的孤立治理转变为以区域、河流为单位的协同治理。

区域协同治理的思想在《"十三五"生态环境保护规划》也有体现，主要有"推动京津冀地区协同保护""推进长江经济带共抓大保护"等，强调"强化区域环保协作，联合开展大气、河流、湖泊等污染治理"，"构建区域一体化的生态环境监测网络、生态环境信息网络和生态环境应急预警体系，建立区域生态环保协调机制、水资源统一调配制度、跨区域联合监察执法机制，建立健全区域生态保护补偿机制和跨区域排污权交易市场"。在《长江经济带生态环境保护规划》内容中明确"推动上中下游协同发展、东中西部互动合作，加强跨部门、跨区域监管与应急协调联动"的治理思路。

2014年，《环境保护法》（2015年实施）修订通过，新环境法强化了政府和企业的环境治理责任，加大了环境违法行为的惩治力度，彰显了国家保护环境、防治污染的决心。2016年，《中华人民共和国环境保护税法》（2018年起实行）通过，这是中国第一部"绿色税制"的单行税法，替代了运行40年的排污费征收制度，实现了环保的"费改税"。环保税法正式将环境污染治理纳入法治体系。

此外，市场化方式的环境规制经过多年的试点和发展，逐渐成为行政指令性环境规制的重要补充。1985年，中国在上海、沈阳等11个地区进行了排污许可证交易的试点。排污许可证是指排污单位被允许排放定量污染物的凭证，市场化交易排污许可证可对排污量重新配额。2016年，《控制污染物排放许可制实施方案》发布，2019年，《固定污染源排污许可分类管理名录（2019年版）》公布，排污许可证管理制度基本建立。此外，碳交易市场也是市场化环境规制的又一个重大举措。2011年，北京、天津、上海、重庆、深圳等地区陆续开展碳排放交易试点，2017年底，中国启动了碳排放权交易，2021年，全国碳交易市场正式启动。顾名思义，碳排放权交易允许企业购买和出售碳排放量，相比强制性的行政指令，碳排放权交易通过更灵活的市场导向机制来控制企业的碳排放量。全国碳排放权交易市场（以下简称"碳市场"）是实现碳达峰与碳中和目标的核心政策工具之一。

表 2-3 展示了环境政策变迁历程中主要发挥作用的环境法律和行政条例。这些法律和条例的颁布和实施在推动中国环境保护事业方面发挥了重要作用。

表 2-3　主要环境法律、规制和政策等

阶段	年份	法律、规制和政策等	主要内容
环境政策初探阶段	1985	排污许可证交易（试点）	在上海、沈阳等 11 个城市试点
	1998	"两控区"政策	同意设立酸雨控制区和二氧化硫污染控制区，共 175 个城市纳入控制区，并制定了短期至长期目标
政策落实转型阶段	2002	《大气污染防治重点城市划定方案》	划定一批"十一五"期间大气污染防治重点城市
	2002	《清洁生产促进法》	从末端治理向全过程治理的转变
	2002	《环境影响评价法》	改变了"先污染后治理"的模式，提出了"先评价后建设"的发展模式
	2003	《排污费征收使用管理条例》	加强对排污费征收、使用的管理
	2007	《"十一五"主要污染物总量削减目标责任书》	将环保工作纳入领导班子和领导干部考核体系中
	2008	《中华人民共和国循环经济促进法》	促进循环经济发展，提高资源利用效率，保护和改善环境，实现可持续发展
	2007	《主要污染物总量减排考核办法》	各省、自治区、直辖市人民政府要把主要污染物（二氧化硫和化学需氧量）排放总量控制指标层层分解落实到本地区各级人民政府，成为地方政府领导班子和领导干部的重要考核依据，实行考核问责制和"一票否决制"
创新阶段	2013	《大气污染防治行动计划》	到 2017 年，全国地级及以上城市可吸入颗粒物浓度比 2012 年下降 10%以上，优良天数逐年提高；京津冀、长三角、珠三角等区域细颗粒物浓度分别下降 25%、20%、15%左右
	2015	《环境保护法》	保护和改善环境，防治污染和其他公害，保障公众健康，推进生态文明建设
	2015	《水污染防治行动计划》	强调对江河湖海实施分流域、分区域、分阶段科学治理，系统推进水污染防治、水生态保护和水资源管理，制定 2020 年、2030 年目标

阶段	年份	法律、规制和政策等	主要内容
创新阶段	2015	《环境保护督察方案（试行）》	建立环保督察巡视制度，形成"1项核心责任+3个督察层面+1个重要载体+8种压力传导机制"的环保督察体系
	2016	《关于全面推进河长制的意见》	在全国江河湖泊全面推行河长制，构建责任明确、协调有序、监管严格、保护有力的河湖管理保护机制
	2017	《中华人民共和国环境保护税法》	排污费征收制度被环保税取代，环保"费改税"正式完成
	2018	《打赢蓝天保卫战三年行动计划》	进一步强化区域联防联控，明确"继续发挥长三角区域大气污染防治协作小组"作用，其他重点区域则需进一步建立和完善大气污染防治协作机制
	2021	全国碳交易市场启动	碳交易市场主要以配额交易和国家核证自愿减排量两种机制构成。企业可以购买和出售碳排放量

注：以上规制并非全部规制，笔者有侧重地挑选了标志性法规。

资料来源：中国政府网。

2.2.2 生态环境部监管费用情况

环境规制水平还可以从生态环境部的各项监管费用体现。从生态环境部的部门决算表中选出以下几项环境监管费用进行整理：①环境保护法规、规划及标准费用（主要用于开展国家生态环境保护标准制修订、规划编制、法规及政策研究等工作支出）。②环境监测与监察费用（主要用于环境工程评估以及开展核辐射安全监管、辐射环境监测等工作支出）。③环境执法监察费用（主要用于开展中央生态环境保护督察、污染防治攻坚战强化监督等工作支出）。④环境监测与信息（主要用于国家环境信息网络系统运行、国家环境信息与统计能力建设以及生态环境部开展生物多样性保护、全国重点地区环境与健康专项调查、国家生态功能区生态状况考核与评价等工作支出）。⑤污染防治的大气项（大气污染防治政策研究、技术规范制定、调查等方面的支出）。⑥污染防治的水体项（水污染防治政策研究、技术规范制定、调查等方面的支出）。表2-4、图2-1和图2-2报告了生态环境部监管费用详细情况。

表 2-4 生态环境部监管费用 单位：万元

年份	环境保护法规、规划及标准	环境监测与监察	环境执法监察	环境监测与信息	污染防治（大气）	污染防治（水体）	合计
2010	8975.51	22045.50	9922.89	40203.25	—	—	81147.15
2011	9788.70	31785.27	13193.92	53452.35	397.00	3998.77	108220.20
2012	12887.20	56887.30	12049.54	76141.84	440.14	5582.92	157965.90
2013	13339.24	59329.76	6867.17	56631.59	379.95	5297.43	136167.80
2014	15728.66	63354.82	7137.99	56699.70	357.67	5194.46	142921.20
2015	17038.00	60324.60	6346.10	63119.19	351.21	5884.83	146827.90
2016	26412.83	67040.92	7325.35	57824.34	972.31	7217.49	158603.40
2017	12727.83	58255.14	11224.20	159573.30	3918.06	8120.03	241780.40
2018	35986.30	91964.84	26448.31	187530.80	4985.35	7899.54	341930.20
2019	51631.18	74157.37	42724.89	206527.56	3336.74	4746.06	375041.00
2020	75942.77	48411.27	28478.57	—	2456.60	13052.41	152832.60
2021	7217.93	45331.98	24341.06	—	1729.89	11249.74	76890.97

资料来源：中华人民共和国生态环境部网站。

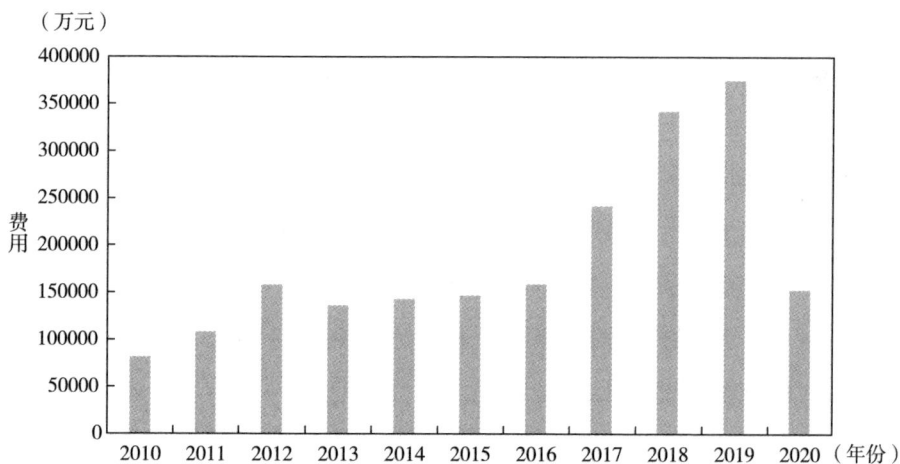

图 2-1 2010—2020 年生态环境部环境监管支出合计

资料来源：中华人民共和国生态环境部网站。

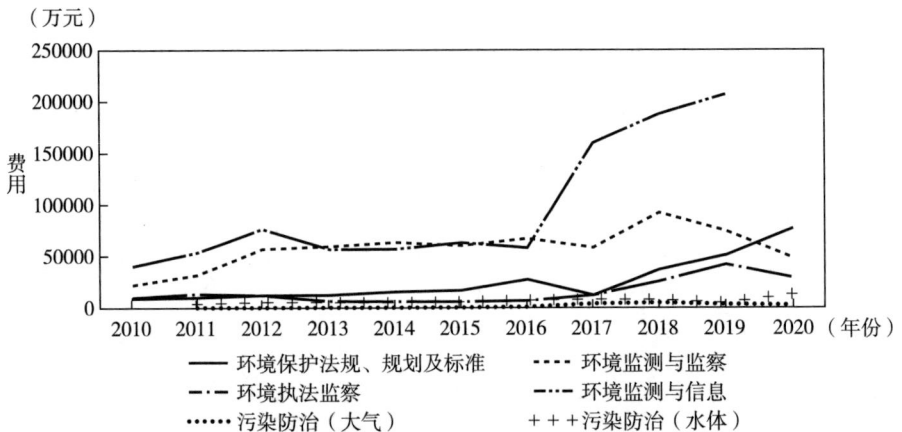

图2-2 2010—2020年生态环境部环境各项监管支出

资料来源：中华人民共和国生态环境部网站。

从 2010—2020 年生态环境部环境监管支出来看有以下几个趋势：①环境监管各项费用波动上升；②2016—2017 年环境保护部的环境监管费用普遍跃升，费用合计数在 2016 年呈指数级上升；③主要用于国家环境信息网络系统运行的环境监测与信息项费用支出较高，其次为主要用于开展环境工程评估、核辐射环境监测等的环境监测与监察费用。具体来看，环境监测和信息费用在 2016 年后快速增长，到 2019 年费用增长约 3 倍，增速远超前 6 年。这表明我国在这几年加强了环境监测信息化建设，网络信息和大数据对环境监管的作用日益明显。与其他监管费用不同的是，用于制定相应政策法规的大气污染防治费用在 2018 年后呈现明显下降趋势，猜测可能是由于"大气十条"和蓝天保卫战取得了显著的大气污染治理效果，从而减缓了大气污染防治相关法规条例修订的紧迫度。在我国，水体污染防治研究的支出比大气污染防治整体更高，可能是因为水体污染问题更加严峻，难以从根源治理。

2.2.3 环境保护五年规划目标

环境保护五年规划（有些年份是节能减排五年规划）是国家未来五年环境

保护领域的重要指引文件（见表2-5）。从表2-5中可以看出，第一，大气污染物排放量和废水排放量下降，"大气十条"和"水十条"的落实效果良好。第二，化学需氧量（COD）、二氧化硫（SO_2）等主要污染物排放的基础总量仍然处于2000万吨的高位，接近环境承载能力的上限。第三，水系国控断面好于Ⅲ类比例逐步提高，从2010年的55%增至2015年的66%；劣Ⅴ类比例由2010年的17.7%下降至2015年的9.7%，大江大河干流水质明显改善。

表 2-5 国家环境保护五年规划指标

指标类别	指标	2010 年	2015 年	2020 年目标值①
大气污染物排放量	二氧化硫排放总量/万吨	2267.8	2086.4	—
	其中工业二氧化硫排放总量/万吨	2073	1866	—
	氮氧化物排放量/万吨	2273.6	2046.2	—
	其中工业氮氧化物排放量/万吨	1637	1391	—
废水排放量	化学需氧量排放总量/万吨	2551.7	2347.6	—
	其中工业化学需氧量排放量/万吨	355	319	—
	氨氮排放总量/万吨	264.4	238.0	—
	其中工业氨氮排放量/万吨	28.5	24.2	—
空气质量	地级以上城市空气质量优良天数比例/%	72	76.7	>80
水环境质量	七大水系国控断面水质好于Ⅲ类的比例/%	55	66	>70
	地表水国控断面劣Ⅴ类水质的比例/%	17.7	9.7	<5
	重要江河湖泊水功能区水质达标率/%	—	70.8	>80
	地下水质量极差比例/%	—	15.7	≈15
	近岸海域水质优良（一、二类）比例/%	—	70.5	≈70
生态环境	森林覆盖率/%	—	21.66	23.04
	森林蓄积量/亿立方米	—	151	165

① 由于《"十四五"生态环境保护规划》尚未公布，故以2020年的目标值代替。

续表

指标类别	指标	2010 年	2015 年	2020 年目标值
土壤质量	湿地保有量/亿亩	—	—	≥8
	草原综合植被盖度/%	—	54	56
	受污染耕地安全利用率/%	—	70.6	≈90
	污染地块安全利用率/%	—	—	>90

资料来源:《"十三五"生态环境保护规划》。

此外,《"十三五"生态环境保护规划》将生态环境质量和土壤质量指标纳入五年目标中,环境指标进一步科学化。从表 2-5 可知,2015 年,森林覆盖率达到 21.66%,森林蓄积量达到 151 亿立方米,草原综合植被盖度为 54%,受污染耕地安全利用率达 70.6%。然而,森林系统低质化、森林结构纯林化趋势仍十分显著,2015 年,林地侵占面积每年达 200 万亩(1 亩 ≈ 666.7 平方米),森林单位面积蓄积量只达到全球平均水平的 78%,生态环境破坏问题仍旧严峻。

目前,生态环境部还未公布《"十四五"生态环境保护规划》,因此,笔者列出了《"十四五"时期节能减排综合工作方案》中的主要目标,即到 2025 年,全国单位国内生产总值能源消耗比 2020 年下降 13.5%,能源消费总量得到合理控制,化学需氧量、氨氮、氮氧化物、挥发性有机物排放总量比 2020 年分别下降 8%、8%、10% 以上、10% 以上。节能减排政策机制更加健全,重点行业能源利用效率和主要污染物排放控制水平基本达到国际先进水平,经济社会发展绿色转型取得显著成效。

2.2.4 城市群主要污染物削减目标

参考余泳泽和林彬彬(2022)的做法,根据各省份公布的主要污染物减排目标规划文件整理"十二五"时期和"十三五"时期二氧化硫(SO_2)和化学需氧量(COD)减排目标量,给出城市群在"十二五"时期和"十三五"时期主要污染物的减排目标。城市群的减排目标采用城市群所在省、直辖市减排目标的几何平均数衡量，具体情况见表 2-6。"十一五"规划中，地方政府官员的政绩考核明确与环境考核相挂钩，实施严格的环保责任制。根据 7 个城市群的减排目标，可以发现地方政府对污染物的减排目标存在偏向性。在京津冀地区，污染物的减排任务较重，平均 COD 削减目标在"十二五"时期为 29.04%。而在"十三五"时期，中原城市群的主要污染物减排目标增加了 1 倍，这表明生态环境部对中原城市环境污染情况的关注程度有所提高。相比之下，成渝城市群的环保目标较为宽松，这可能与其污染物排放总量较低有关。

表 2-6　城市群主要污染物削减目标　　　　　　单位:%

城市群	所在省份	SO$_2$ 削减目标		COD 削减目标	
		"十二五"时期	"十三五"时期	"十二五"时期	"十三五"时期
京津冀	北京、天津、河北	12.17	9.20	29.04	15.79
长三角	江苏、浙江、上海、安徽	11.33	18.16	9.94	13.89
珠三角	广东	14.80	3.00	12.00	10.40
长江中游	湖北、湖南、江西	9.48	17.15	6.76	7.55
成渝	四川、重庆	7.99	10.65	7.10	9.60
中原	河南	11.90	28.00	9.90	18.40
关中平原	陕西	10.00	15.00	10.00	10.00

资料来源：各省区市生态环境局发布的《生态环境保护规划》《节能减排综合性工作实施方案》。

2.3　城市群环境污染现状分析

　　城市群作为城市与城市之间相互联系、相互依存的空间组织形式，其规模和影响力日益扩大。然而，城市群发展所带来的生态环境问题也日益凸显。城市群的快速发展对环境带来的影响不是只限于单一城市范围内，而是跨越多个城市，甚至影响整个区域。因此，对城市群环境污染情况进行全面深入的现状分析显得尤为重要。

目前，城市群的发展依然存在简单化和粗放化的问题，这种发展方式对城市群生态环境造成了不小的破坏。例如，京津冀雾霾问题、长三角和珠三角酸雨问题等，都是城市群生态环境受到严重破坏的表现。此外，对于城市群而言，跨流域水污染、跨区域空气污染也存在"踢皮球"等行为，中心城市减排而导致周围城市污染加剧的情况也时常出现。

城市群在快速发展的同时也带来了资源短缺等问题。京津冀城市群人口向北京的集聚让北京的城市生活用水量占总用水量的比例达到40%，致使北京市水资源紧张程度加倍，不得不求助于周边的张家口和承德等城市。珠江东江水资源占广东省水资源总量的18%，却要供应珠江东岸的深圳、惠州、东莞等城市，这些城市的人口总量在广东省占比大，水资源利用率接近国际公认的40%警戒线。此外，随着经济发展、新污染物的出现，净水成本增高，地处长江流域末端的长三角多市具有水质性缺水问题。

本书将通过对中国七大城市群2010—2020年的环境污染变化情况进行评价和研究，重点关注城市群水污染和大气污染两个方面。通过对城市群环境污染变化趋势的分析，探讨城市群发展过程中面临的生态环境问题。

2.3.1 城市群水污染现状分析

（1）数据来源和说明。由于城市群环境统计数据缺失，这里采用两种处理方法：第一种方法采用地级市数据进行汇总，对于只有部分区县在城市群内的情况，采用该区县所在的地级市全市数据汇总。第二种方法采用所在地区或典型城市的数据进行代替。数据选取的原则是具有代表性和可比性。表2-7列出了城市群所在地区和主要城市。通过对城市群污染和环境治理的规律进行归纳分析，可以找出现有城市群环境问题，并为进一步的分析奠定基础。

表 2-7 城市群所在地区和主要城市

城市群	所在地区	主要城市
京津冀	北京、天津、河北	北京、天津
长三角	江苏、浙江、上海、安徽	上海、南京、杭州、合肥
珠三角	广东	广州、深圳
长江中游	湖北、湖南、江西	武汉、长沙、南昌
成渝	四川、重庆	重庆、成都
中原	河南	郑州
关中平原	陕西	西安

资料来源：笔者根据相关资料整理而得。

本节主要从废水排放量和污水处理情况两方面进行分析，主要采用《中国环境统计年鉴》和《中国城市建设统计年鉴》公布的工业废水排放量、工业废水COD排放量、生活污水COD排放量、城镇污水排放量和城镇污水处理量5个指标。由于指标前后存在不连续、标准不统一等问题，这里进行如下说明：第一，工业废水排放量指标主要来自环境统计年鉴和城市统计年鉴，但这两个年鉴都有数据缺失，《中国环境统计年鉴》未公布2016年之后的工业废水排放量，《中国城市统计年鉴》公布的地级市数据在2018—2020年存在较多缺失。第二，化学需氧量（COD）排放量的数据收集也存在较大问题，2010年《中国环境统计年鉴》公布工业口径下的废水排放物COD含量，但2011—2020年《中国环境统计年鉴》中公布的是全口径（不止工业）的化学需氧排放量。另外，2016年《中国环境统计年鉴》统计方法出现改变①，但未公布变化细节，尽管如此，这里仍将2016年前后数据列于一个表中来看。

（2）城市群水污染物排放现状。我们结合工业废水排放总量和工业化学需氧量（COD）排放量两个指标分析城市群水污染物排放现状。城市群工业废水排

———————

① 《中国环境统计年鉴2017》的编者说明中指出，"由于环境统计方法体系发生调整，环境保护部2016年的环境统计数据延迟发布，拟与2017年的环境统计数据同时发布"，但其中并未具体指出哪部分发生变化。这里将2016年前后的数据列于同一个表中进行分析。

放情况采用《中国城市统计年鉴》地级市工业废水排放量加总，工业化学需氧量（COD）排放量采用《中国环境统计年鉴》各地区数据加总。考虑到数据质量，由于2010—2017年《中国城市统计年鉴》给出较为完整的地级市废水排放数据，这里暂列出2010—2017年数据，对于其中缺失数据（不到1.5%）我们采用就近填补的方法补齐。

1）排放总量。通过表2-8、表2-9和图2-3、图2-4可知，2010年后各城市群的工业废水排放和工业化学需氧量（COD）排放得到有效控制。总的来说，首先，2010—2017年城市群工业废水平均排放量从198962万吨下降到108381万吨，下降约46%，其中2015—2017年贡献了约33%的降幅，"水十条"的落实效果显著。其次，2011—2020年城市群所在地区COD平均排放量从约92.4万吨的高位降到91.2万吨，但从多个城市群COD排放趋势图中不难发现COD排放量在2016年断崖式降低，在2020年急速回升，实际排放吨位的最低点在2019年，平均排放量仅有24.3万吨。其原因可能是2016—2019年处于全国第二次污染源普查期，《中国环境统计年鉴》公布的数据以污染源普查结果为准，统计方法体系与前后年份统计方法不同，由此产生了不可信服的结果。从2011—2015年数据来看，5年内COD污染物排放量降低11.7%，从2016—2019年数据来看，4年COD污染物排放降低12.4%。而除去统计体系变化的4年来看，我们发现2020年排放量较2015年轻微回升，呈现出回弹趋势。由此可见，自2006年首次在"十一五"规划中提出"城市群"作为城镇化主体形态以来，经过《主要污染物总量减排考核办法》、"水十条"和河长制的政策落实，10年间城市群废水排放和废水污染物排放得到有效控制，"十三五"规划制定之后减排力度再度加大，但于2020年出现回弹趋势。

表2-8　城市群工业废水排放量　　　　　　　单位：万吨

城市群	2010年	2011年	2012年	2013年	2014年	2015年	2016年	2017年
京津冀	139062	146933	150952	137710	134735	122061	94327	70926
长三角	488774	448917	428322	408180	385250	383469	332196	296976

续表

城市群	2010 年	2011 年	2012 年	2013 年	2014 年	2015 年	2016 年	2017 年
珠三角	135534	133744	133264	122900	132400	108600	94379	97393
长江中游	214713	224559	210550	191619	180813	188790	128488	109472
成渝	128408	99389	91520	90594	91613	96469	79207	62737
中原	231198	221915	211597	199811	202793	201628	125762	98277
关中平原	43071	43400	39158	39555	37540	26373	22883	23442

资料来源：相关年份《中国城市统计年鉴》，笔者采用地级市工业废水排放数据计算而得。

表 2-9　城市群所在地区 COD 排放量　　　单位：吨

城市群	所在地区	2011 年	2015 年	2016 年	2017 年	2018 年	2019 年	2020 年
京津冀	北京	193184	161536	62902	39907	45771	42523	53585
	天津	235832	209099	48033	44278	41727	37759	156342
	河北	1388825	1208059	252434	276088	238104	223795	1274153
长三角	上海	248982	198812	78801	65181	62097	55625	72871
	江苏	1246166	1054591	578470	530343	488016	474120	1207812
	浙江	818250	683197	277640	232839	217482	206215	532215
	安徽	953349	871056	338382	323910	346137	341898	1186012
珠三角	广东	1884499	1606860	650261	674766	644257	634809	1613096
长江中游	湖北	1104651	986096	316897	311144	290363	267614	1530276
	湖南	1305153	1207703	351789	308940	306978	312184	1476385
	江西	767887	715583	378390	319477	316764	322158	1014801
成渝	四川	1302256	1186426	338851	325638	326261	329426	1304632
	重庆	416771	379791	64898	55717	53631	51504	320570
中原	河南	1436683	1287209	313814	288546	270020	251854	1445682
关中平原	陕西	557678	489112	116705	112871	103173	98411	488770

资料来源：相关年份《中国环境统计年鉴》，笔者基于城市群所在地区（省份）数据整理而得。

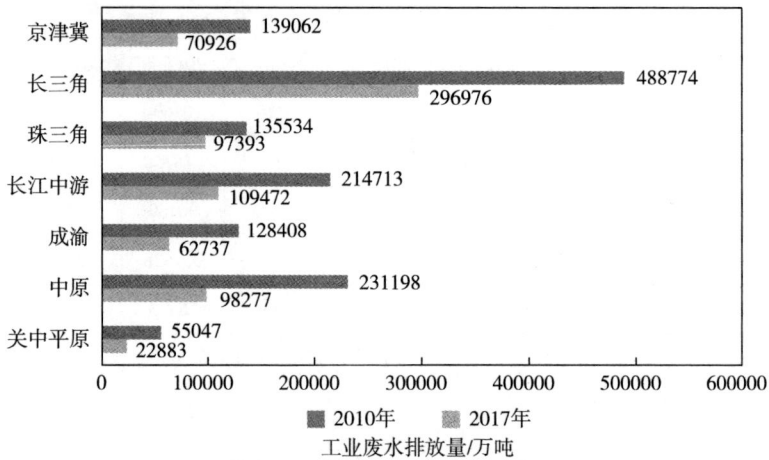

图 2-3　城市群工业废水排放量

资料来源：笔者根据相关年份《中国城市统计年鉴》中的数据绘制而成。

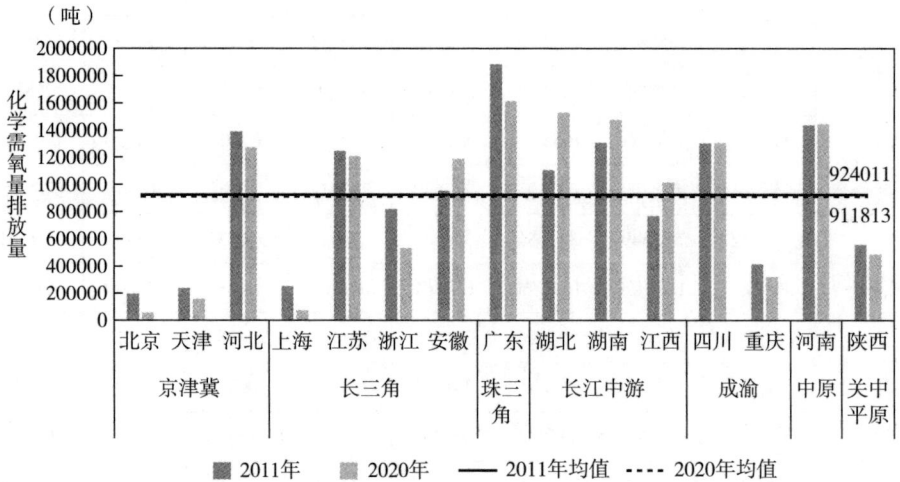

图 2-4　城市群所在地区 COD 排放总量

资料来源：笔者根据相关年份《中国城市统计年鉴》中的数据绘制而成。

从城市群典型城市工业废水排放数据进一步分析各城市群工业废水排放的异质特征，结果如图 2-5 所示。2010—2017 年，典型城市 80% 以上城市工业废水排放量降低。在 15 个城市群典型城市中，13 个城市的工业废水排放量降低，杭

州、重庆、南京的工业废水排放量降幅分别为 69.5%、57.3%、55.8%，特别是
杭州的工业废水从 2010 年的 80468 万吨的高位降到 2017 年的 25000 万吨以内；
合肥和北京的工业废水排放总量增加，2010—2017 年增幅分别为 33.4%、3.6%，
北京市的工业废水排放在 8000 万~10000 万吨波动。整体来看，首先长三角城市
群典型城市的污染物排放总量最高；其次是成都、重庆两市；最后为珠三角城市
群的广州、深圳两市，这些城市的共同点是均处于水系发达的流域附近，水资源
的充沛也内生影响着工业废水的排放。

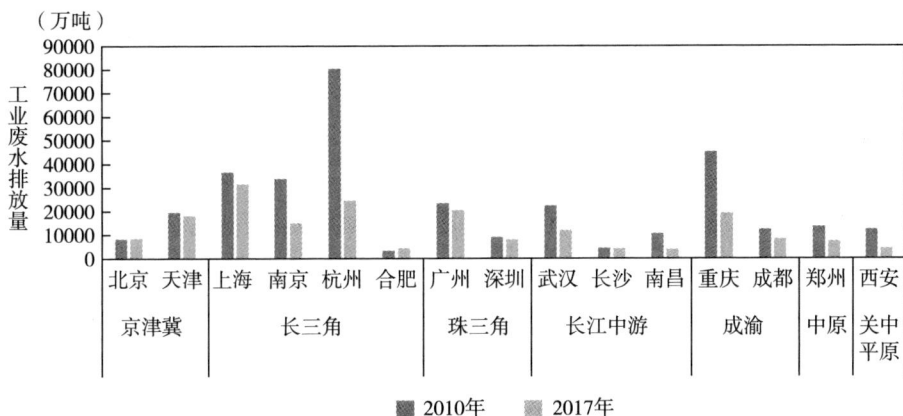

图 2-5　城市群典型城市工业废水排放量

资料来源：笔者根据相关年份《中国城市统计年鉴》中的数据绘制而成。

由于 2016 年化学需氧量（COD）的统计方法体系改变，我们将化学需氧量
的排放情况分两阶段来看。2016 年前后，主要污染物排放量均呈现下降趋势，
部分城市群在 2020 年出现了污染物排放量回弹的情况。分地区来看，长江中游
地区，包括湖南、湖北、江西、安徽地区的 COD 排放总量呈现明显的增加趋势，
而长江下游的江苏、浙江、上海地区的 COD 排放总量有所降低。随着长江流域
由下游向环境规制更低的中游转移，污染呈现"污染天堂"现象，广东等东部
沿海地区的污染物则向内陆地区如河南转移。2011—2020 年，城市群的 15 个地
区中，有 9 个地区的 COD 排放总量下降，其中 COD 污染物排放基数较大的广

东、河北、江苏的 COD 排放量降幅分别为 14.4%、8.3%、3.1%。而长三角城市群长江下游的上海、江苏、浙江地区的 COD 排放量降幅分别为 70.7%、3.1%、35.0%。另外 6 个地区的 COD 排放总量增加，其中 COD 污染物排放基数较大的湖北、湖南、安徽、江西的 COD 排放量增幅分别为 38.5%、13.1%、24.4%、32.2%，这些地区均处于长江中游地区。湖北 COD 排放总量增长最多，2020 年排放量达 153 万吨，成为 2020 年继广东之后的第二大 COD 排放省份。此外，内陆地区河南省的 COD 排放总量增加 0.6%，四川省的 COD 排放总量增加 0.2%，承接了一部分东部沿海城市的污染物转移。

2）排放强度。我们采用工业废水排放总量/城市群土地面积衡量城市群工业废水地均排放强度，结果见表 2-10。2010 年，珠三角城市群工业废水地均排放强度达 2.45 万吨/平方千米，居七个城市群首位。其次为长三角城市群，排放强度达 2.31 万吨/平方千米。其余城市群的工业废水地均排放强度均小于 1 万吨/平方千米。2017 年，珠三角城市群地均排放强度仍居首位，为 1.76 万吨/平方千米，但比 2010 年下降约 28.2%。长三角城市群地均排放强度降至 1.40 万吨/平方千米，比 2010 年下降 39.2%，降幅超珠三角城市群。其余城市群工业废水排放强度均下降约 50.0%，其中关中平原城市群下降约 58.8%，中原城市群下降约 58.0%，属废水减排强度较大的两个城市群。基于数据来看，沿海城市群（长三角、珠三角）的废水排放强度明显高于内陆城市群（其余 5 个城市群），2010 年沿海城市群和内陆城市群废水平均排放强度差距为 1.71 万吨/平方千米，2017 年这一地区差距降到 1.26 万吨/平方千米，地区间工业废水排放强度差异在缩小。

表 2-10　城市群工业废水地均排放强度

城市群	2010 年	2011 年	2012 年	2013 年	2014 年	2015 年	2016 年	2017 年	趋势
京津冀	0.64	0.68	0.70	0.64	0.62	0.57	0.44	0.33	
长三角	2.31	2.12	2.02	1.93	1.82	1.81	1.57	1.40	
珠三角	2.45	2.41	2.41	2.22	2.39	1.96	1.70	1.76	
长江中游	0.68	0.71	0.66	0.60	0.57	0.60	0.41	0.35	
成渝	0.69	0.54	0.49	0.49	0.50	0.52	0.43	0.34	

续表

城市群	2010 年	2011 年	2012 年	2013 年	2014 年	2015 年	2016 年	2017 年	趋势
中原	0.81	0.77	0.74	0.70	0.71	0.70	0.44	0.34	▪▪ ▬ ▬ ▬ ▬ ▬ ▬ ▬ ▬ ▬
关中平原	0.51	0.40	0.41	0.37	0.37	0.35	0.25	0.21	▬ ▬ ▬ ▬ ▬ ▬ ▬ ▬

资料来源：相关年份《中国城市统计年鉴》，笔者采用地级市工业废水排放数据计算而得。

从表 2-11 和图 2-6 的 COD 地均排放强度来看，上海、天津、北京等直辖市以及国家中心城市的化学需氧量污染排放强度大幅下降。2011 年上海市、天津市、江苏省、北京市、广东省的 COD 地均排放强度较大，分别达到 39.52 吨/平方千米、20.87 吨/平方千米、12.15 吨/平方千米、11.50 吨/平方千米、10.47 吨/平方千米，均高于 2010 年 COD 地均排放强度均值 10.11 吨/平方千米。而到了 2020 年，天津、江苏、上海、广东的污染强度分别降为 13.84 吨/平方千米、11.77 吨/平方千米、11.57 吨/平方千米、8.96 吨/平方千米，河南、安徽、湖北地区的污染强度分别增加至 8.66 吨/平方千米、8.49 吨/平方千米、8.23 吨/平方千米，均高于 2020 年 COD 地均排放强度均值 7.2 吨/平方千米。

表 2-11 城市群所在地区 COD 地均排放强度　　单位：吨/平方千米

城市群	所在地区	2011 年	2015 年	2016 年	2017 年	2018 年	2019 年	2020 年	趋势
京津冀	北京	11.50	9.62	3.74	2.38	2.72	2.53	3.19	▪▪▪▪▪▪ ▬ ▬ ▬
	天津	20.87	18.50	4.25	3.92	3.69	3.34	13.84	▪▪▪▪▪▪ ▬ ▬ ▪
	河北	7.40	6.44	1.34	1.47	1.27	1.19	6.79	▬ ▬ ▬ ▬ ▬ ▬ ▬
长三角	上海	39.52	31.56	12.51	10.35	9.86	8.83	11.57	▮▮▮▮▪▪▪▪ ▪
	江苏	12.15	10.28	5.64	5.17	4.76	4.62	11.77	▪▪ ▬ ▬ ▬ ▬ ▪
	浙江	8.02	6.70	2.72	2.28	2.13	2.02	5.22	▬ ▬ ▬ ▬ ▬ ▬ ▬
	安徽	6.82	6.24	2.42	2.32	2.48	2.45	8.49	▬ ▬ ▬ ▬ ▬ ▬ ▬
珠三角	广东	10.47	8.93	3.61	3.75	3.58	3.53	8.96	▪▪ ▬ ▬ ▬ ▬ ▬
长江中游	湖北	5.94	5.30	1.70	1.67	1.56	1.44	8.23	▬ ▬ ▬ ▬ ▬ ▬ ▬
	湖南	6.16	5.70	1.66	1.46	1.45	1.47	6.97	▬ ▬ ▬ ▬ ▬ ▬ ▬
	江西	4.60	4.28	2.27	1.91	1.90	1.93	6.08	▬ ▬ ▬ ▬ ▬ ▬ ▬

续表

城市群	所在地区	2011 年	2015 年	2016 年	2017 年	2018 年	2019 年	2020 年	趋势
成渝	四川	2.71	2.46	0.70	0.68	0.68	0.68	2.71	------
	重庆	5.06	4.61	0.79	0.68	0.65	0.63	3.90	------
中原	河南	8.60	7.71	1.88	1.73	1.62	1.51	8.66	------
关中平原	陕西	1.82	1.60	0.38	0.37	0.34	0.32	1.60	------

资料来源：相关年份《中国环境统计年鉴》，笔者基于城市群所在地区（省份）数据整理而得。

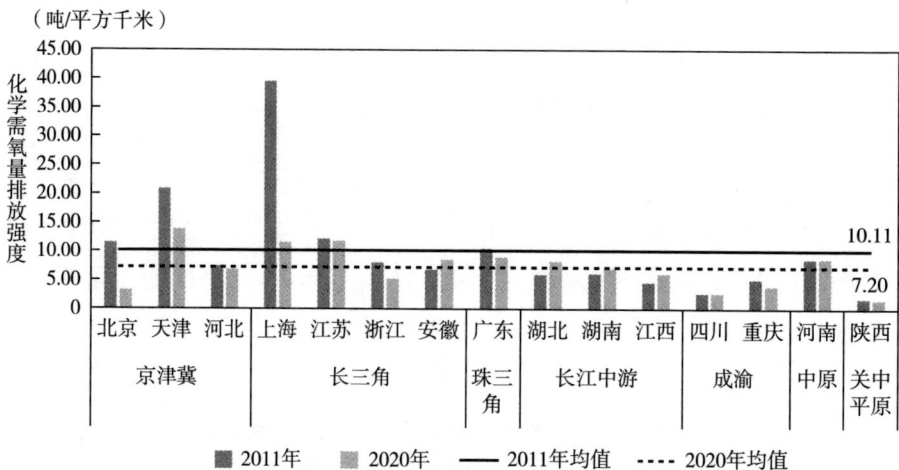

图 2-6　城市群所在地区 COD 地均排放强度

资料来源：笔者根据相关年份《中国城市统计年鉴》中的数据绘制而成。

3）生活污水排放情况。本节还对生活污水排放情况进行统计（见表 2-12、表 2-13），结果显示排放生活污水的主要污染物总量呈现增长趋势，除了 2016—2019 年的数据外。内陆城市群中，中原城市群、关中平原城市群、成渝城市群等增长较快，2010—2020 年的增幅分别为 78.5%、47.6%、44.3%。在过去 10 年，七个城市群所在地区的平均生活污水污染物排放量从 70.0 万吨增长到 83.3 万吨，增长了 19.0%。但是，部分城市群如京津冀、长江中游则出现了生活污水污染物排放量下降的趋势，特别是在京津冀地区，10 年间生活污水 COD 含量下降约 17.3%。

表 2-12　化学需氧量 COD 中生活污水排放量　　　　单位：万吨

城市群	所在地区	2010 年	2015 年	2016 年	2017 年	2018 年	2019 年	2020 年
京津冀	北京、天津、河北	525000	393852	221274	283149	270209	263511	434045
长三角	江苏、浙江、上海、安徽	1268900	1415272	882139	888077	884833	864391	1409449
珠三角	广东	624000	834653	542042	575002	561767	562464	904055
长江中游	湖北、湖南、江西	1330600	1364003	760006	762548	758217	762564	1309253
成渝	四川、重庆	638000	799599	318813	312954	319105	323950	920338
中原	河南	324100	378583	246260	257387	244272	227549	578637
关中平原	陕西	186300	191786	83815	89311	89124	85079	274908

资料来源：相关年份《中国城市统计年鉴》，笔者根据城市群所在地区数据加总而得。

表 2-13　化学需氧量 COD 中生活污水排放趋势

城市群	所在地区	趋势
京津冀	北京、天津、河北	
长三角	江苏、浙江、上海、安徽	
珠三角	广东	
长江中游	湖北、湖南、江西	
成渝	四川、重庆	
中原	河南	
关中平原	陕西	

资料来源：笔者根据相关年份《中国城市统计年鉴》中的数据绘制而成。

（3）城市群废水处理能力。整理工业废水处理数据发现，反映废水处理达标情况的工业废水排放达标量指标在 2010 年后的环境统计年鉴中不再公布，我们使用工业废水处理量替代，但这一指标在 2016 年后也不再公布。因此，我们补充采用环境统计年鉴中的工业废水治理设施运行费用作为地区、城市群的工业废水处理能力的代理变量。以上均为绝对指标，相对指标我们采用《中国城市建设统计年鉴》中的城市污水排放量和城市污水处理量的比值代替。表 2-14 给出 2011—2015 年城市群工业废水处理量，图 2-7 给出 2010 年和 2020 年的城市污水处理比例。

表 2-14 城市群工业废水处理量   单位：万吨

城市群	所在地区	2011 年	2012 年	2013 年	2014 年	2015 年
京津冀	北京	11294	11081	10498	9526	9932
	天津	35198	40464	29161	32530	34268
	河北	933519	776119	766322	788496	598193
长三角	上海	71099	78777	65019	63561	61220
	江苏	404070	405492	395899	407334	418384
	浙江	304258	256554	256857	255326	226421
	安徽	213335	206430	203173	191790	191980
珠三角	广东	258541	287598	293037	334112	188722
长江中游	湖北	325234	281273	181540	236179	226840
	湖南	239481	269496	263399	253637	253798
	江西	138830	175329	167422	165078	173597
成渝	四川	286354	207455	171902	183402	145827
	重庆	37328	44824	34451	37740	33998
中原	河南	207377	176636	173052	176175	181597
关中平原	陕西	73091	63704	59928	61843	60562

资料来源：笔者根据相关年份《中国城市建设统计年鉴》中的数据计算而得。

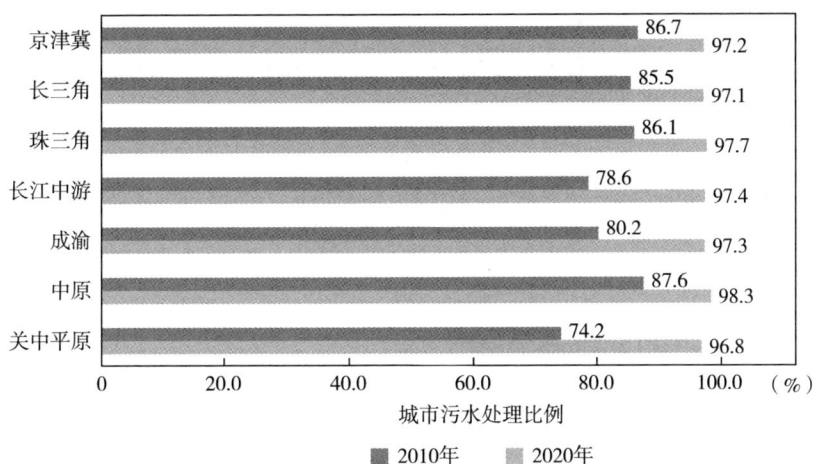

图 2-7　城市群城市废水处理比例

资料来源：笔者根据相关年份《中国城市建设统计年鉴》中的数据绘制而成。

　　从 2011—2015 的工业废水处理量数据来看，城市群所在地区工业废水处理总量普遍下降，2011 年城市群工业废水平均处理量为 505573 万吨，2015 年城市群工业废水平均处理量为 400763 万吨，下降约 20.7%。工业废水处理量与工业废水排放量相关但不包含在工业废水排放中，由于城市群整体工业废水产生量随时间推移降低，因此城市群工业废水排放量和处理量均随时间推移而降低，但工业废水处理量水平值仍是反映城市群工业废水处理能力的主要指标。长三角、京津冀、长江中游城市群的工业废水处理量较大，超过了 2011 年、2015 年的废水处理均值。按所在地区来看，河北省的工业废水处理量基础值处在 933519 万吨的高位（2011 年），即使逐年降低其基础值仍徘徊在 60 亿吨上下（2015 年），这么高的工业废水处理量可能与河北省的产业能源结构有关。河北省产业结构呈现"二三一"梯度，第二产业占主导，第二产业中的重工业比重很大，省内分布诸多工业城市唐山、廊坊等，同时能源多以燃煤发电为主，重工业为主的产业结构和煤炭为主的能源结构共同决定河北的工业废水污染产出量、处理量处于高位。

　　城市污水处理比例大幅提高，地区间污水处理差距缩小。城市污水处理比例等于城市污水处理量/城市污水排放量。2010 年京津冀、长三角、珠三角城市群城市污水处理比例分别为 86.7%、85.5%、86.1%，高于发展尚未成熟的城市群：长江中游（78.6%）、关中平原（74.2%）。2020 年七个城市群城市污水处理比例均达到 96% 以上。其中，关中平原城市群、长江中游城市群、成渝城市群污水处理比例分别增长 22.6%、18.8%、17.1%，可见城市群城市污水清洁净化能力得到极大提升。

2.3.2　城市群大气污染现状分析

（1）数据来源和说明。现有的大气环境质量指标主要有两方面：一方面是大气污染物工业污染排放监测指标，主要使用工业大气污染物排放数据如工业二氧化硫排放量、工业氮氧化合物排放量和工业粉尘排放量指标。另一方面是全地区大气污染物排放数据，主要采用二氧化硫、二氧化氮和可吸入颗粒物（PM_{10}）和细颗粒物（$PM_{2.5}$）等指标。这里我们主要考虑工业二氧化硫排放量和工业烟粉尘排放量两个指标，数据来源有《中国城市统计年鉴》和《中国环境统计年鉴》。尽管城市统计年鉴既包含了工业二氧化硫排放量又包含了工业烟粉尘排放量[①]，但 2016 年后的工业烟粉尘排放量资料相对不齐全。基于此，我们采用城市统计年鉴工业二氧化硫排放量的地级市数据加总而得，缺失数据（占整体数据的 2.7%）采用就近年份填补，采用城市群所在地区（省份）数据加总得到工业烟粉尘排放量。

（2）城市群大气污染物排放现状。我们从排放总量和排放强度两方面统计分析工业大气污染物排放现状，从总体趋势和各城市群污染现状循序分析。

1）排放总量。总的来说，2010 年后城市群工业二氧化硫和工业烟粉尘减排政策取得阶段性成果（见表 2-15、表 2-16、图 2-8）。首先，2010—2020 年，我国七个城市群工业二氧化硫平均排放量从 1293 千吨下降到 139 千吨，下降幅度达 89.2%，其中 2014—2020 年就贡献了 76.7% 的降幅。上述水污染评价中提出的猜测，即 2016 年污染物统计方法体系改变对大气污染物没有显著影响，尽

---

① 2016 年及以后指标改名为工业颗粒物排放量。

管工业二氧化硫排放量也从 2016 年开始大幅下跌，但从各城市群工业二氧化硫排放趋势图可以看出其下降幅度符合自然趋势，与 COD 排放的情况不同。其次，2010—2020 年城市群所在地区工业烟粉尘平均排放量从约 40.9 万吨下降至 14.4 万吨，降幅达 64.8%，其间排放量呈波动式下降趋势，多数城市群的工业烟粉尘排放量先增后减，从平均排量来看，城市群工业烟粉尘平均排放量在 2015 年达到最高，高达 53.9 万吨。可见，2013 年印发的"大气十条"和 2018 年印发的《打赢蓝天保卫战三年行动计划》得到了有效落实。另外，各地区污染物的成倍降低与 2011 年的《主要污染物总量减排考核办法》的出台也分不开，该办法规定政府将主要污染物减排目标拆分到各级地方政府，并将环境考核纳入地方政府考核，各地大气污染物排放得到有效控制。

表 2-15　城市群工业二氧化硫排放量　　　　单位：千吨

城市群	2010 年	2015 年	2016 年	2017 年	2018 年	2019 年	2020 年
京津冀	1268.60	1006.09	583.75	388.07	300.32	258.56	133.53
长三角	1932.25	1328.68	730.26	487.64	381.78	304.99	185.77
珠三角	488.74	355.59	238.29	178.24	95.22	65.42	47.30
长江中游	1372.89	1261.07	604.37	390.93	304.27	247.29	174.04
成渝	1287.60	895.33	488.22	324.42	235.80	191.27	126.50
中原	1902.86	1603.52	757.93	494.39	361.31	344.51	200.27
关中平原	800.56	507.39	249.33	213.95	190.62	251.15	105.80

资料来源：笔者根据相关年份《中国城市统计年鉴》中的数据计算而成。

表 2-16　城市群所在地区工业烟粉尘排放总量　　　　单位：吨

城市群	地区	2010 年	2014 年	2015 年	2016 年	2017 年	2018 年	2019 年	2020 年
京津冀	北京	66000	57372	49387	49678	34487	23648	16796	9353
	天津	73000	139511	100686	52791	43303	34973	29206	15560
	河北	821000	1797683	1575417	819863	578014	538256	482191	370746
长三角	上海	112000	141650	120668	48192	19949	18180	15386	10494
	江苏	486000	763678	654501	804329	632001	531487	408730	160142
	浙江	313000	379666	330249	391238	314512	273177	240699	86024

续表

城市群	地区	2010 年	2014 年	2015 年	2016 年	2017 年	2018 年	2019 年	2020 年
珠三角	安徽	519000	652782	545917	979186	588806	480366	559727	129928
	广东	415000	449549	347786	781024	541177	617715	586655	156546
长江中游	湖北	339000	504006	446974	506226	414985	315225	318659	189071
	湖南	706000	496166	454499	701195	600357	532967	500358	214551
	江西	388000	462331	480624	682550	557413	444400	399790	145215
成渝	四川	482000	428630	412572	418231	409506	346371	345746	223995
	重庆	292000	226131	209078	176287	167822	161442	157030	84710
中原	河南	774000	882103	846125	380623	256801	214854	175251	85765
关中平原	陕西	348000	709137	603649	567409	417237	312006	299322	284260

资料来源：相关年份《中国环境统计年鉴》。

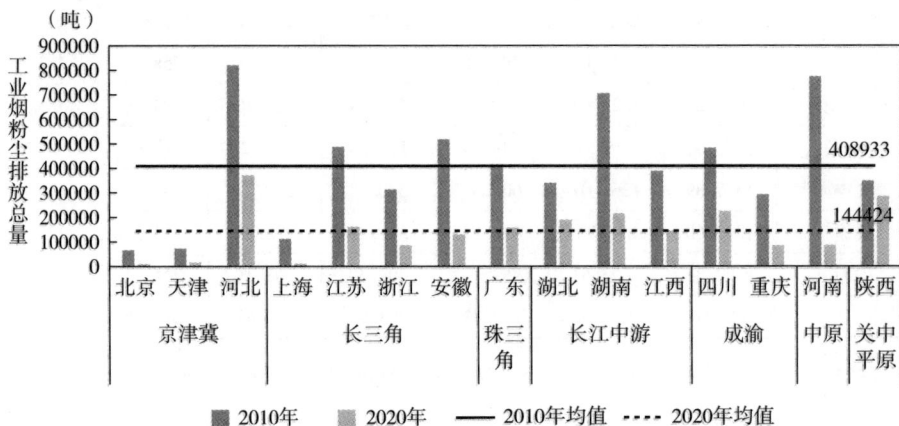

图 2-8　城市群所在地区工业烟粉尘排放总量

资料来源：笔者根据相关年份《中国环境统计年鉴》中的数据绘制而成。

对于工业二氧化硫排放总量而言，表 2-15 显示，2010 年长三角城市群和中原城市群的二氧化硫基础排放量较高，分别为 1932.25 千吨和 1902.86 千吨，均超过 1500 千吨的门槛，两城市群 10 年间降幅分别达到 90.4% 和 89.5%。京津冀城市群、长江中游城市群和成渝城市群位列第二梯队，2010 年三个城市群排放量分别达 1268.60、1372.89 千吨和 1287.60 千吨，10 年间降幅分别为 89.5%、87.3% 和 90.2%。

从城市群典型城市工业二氧化硫排放总量数据（见表 2-17 和图 2-9）来看，2010—2020 年，15 个典型城市的工业二氧化硫排放全部呈现下降趋势，其中 2010 年基础排放高于平均排放量的三个城市分别为重庆（572.7 千吨）、上海（221.5 千吨）、天津（217.6 千吨）。它们的工业二氧化硫排放量 10 年间降幅分别为 91.8%、97.7%、95.5%，特别是，重庆的工业二氧化硫排放总量从 500 多千吨降到 50 千吨以内；南京、郑州、杭州、广州、武汉、西安等城市工业二氧化硫排放总量在第二梯队，2010—2020 年降幅均在 80% 以上。北京市的工业二氧化硫排放基数并不高，但其周边的天津市大气污染物排放基数很高，呈现出环首都污染扩散趋势。整体来看，成渝城市群的典型城市的污染物排放总量最高，主要是因为重庆市的二氧化硫排放量居高不下。其次是长三角城市群 4 市的污染物排放量，最后为京津冀城市的污染物排放量。其中成渝城市群地区和京津冀城市群地区因为地势，空气流动性差，大气污染居高不下。

表 2-17　城市群典型城市工业二氧化硫排放总量　　　　单位：吨

城市群	典型城市	2010 年	2011 年	2012 年	2013 年	2014 年	2015 年	2020 年
京津冀	北京	56844	61299	59330	52041	40347	22070	988
	天津	217620	221897	215481	207793	195395	154605	9756
长三角	上海	221476	210092	193405	172867	155360	104852	5200
	南京	115507	125653	119155	110665	103949	101021	9685
	杭州	88682	91688	86181	82021	80349	63814	3973
	合肥	31988	49497	45572	41483	42364	40829	4742
珠三角	广州	85871	68295	68379	65589	61059	48841	2005
	深圳	30941	4928	9847	8193	8079	4132	777
长江中游	武汉	87256	108694	100072	96222	84481	75035	9600
	长沙	54690	26116	21210	21173	19576	15952	1845
	南昌	30636	35000	43470	40756	37049	30399	5081

续表

城市群	典型城市	2010 年	2011 年	2012 年	2013 年	2014 年	2015 年	2020 年
成渝	重庆	572747	531340	509788	494415	474805	426800	46992
	成都	61928	52576	56730	52040	50754	37224	4026
中原	郑州	116857	110969	110056	106123	90859	78989	5465
关中平原	西安	81503	97884	83063	69103	62604	38691	1506

资料来源：笔者根据相关年份《中国城市统计年鉴》计算而成。

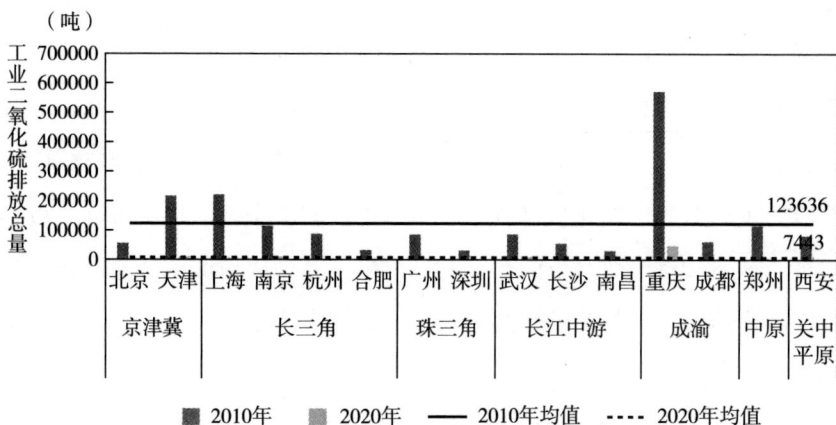

图 2-9 城市群典型城市工业二氧化硫排放总量

资料来源：相关年份《中国城市统计年鉴》。

对于城市群工业烟粉尘排放情况而言，2010—2020 年，城市群 15 个地区内 12 个地区（除北京、重庆、四川外）的工业烟粉尘排放量呈现先增加后减少的趋势，其中河北、上海、天津、江苏、河南、陕西地区均在 2014 年达到排放量峰值，江苏、浙江、安徽、广东、湖北、湖南、江西地区均在 2016 年达到排放量峰值。尽管 2013 年印发的"大气十条"中提到"严格实施污染物排放总量控制，将二氧化硫、氮氧化物、烟粉尘和挥发性有机物排放是否符合总量控制要求作为建设项目环境影响评价审批的前置条件"，但工业烟粉尘污染物排放量呈现政策反弹倾向，越治理越严重。

分地区来看（见表 2-16），工业烟粉尘基础排放量较大的地区是河北、河南、湖南，河北工业烟粉尘排放量（2010 年）达 821000 吨，到 2014 年排放量再度上升高达 1797683 吨，10 年间工业烟粉尘排放总量下降 54.8%，但排放量仍旧在 370746 吨（2020 年）的高位，列所有地区中第一位。究其原因，河北产业结构呈现"二三一"梯度，第二产业中重工业比重较高，钢铁、焦炭等重工行业产量均占全国 40% 以上。其次河北省以煤为主要能源，以公路为主要交通方式，这种能源结构和交通结构导致河北省的单位面积煤炭消费量为全国平均水平的 4 倍，偏重工业结构和煤炭为主的能源结构导致河北省出现各类环境问题。河南省的基础烟粉尘排放量也很高，但经过大气防治工作，到 2020 年河南省的工业烟粉尘排放量（85765 吨）降低到城市群各地区平均水平以下，降幅达 88.9%。从 2010—2020 年降幅来看，上海、河南、北京、天津地区下降幅度较大，分别为 90.6%、88.9%、85.8%、78.7%。广东、湖北、陕西地区 2020 年烟粉尘排放量在城市群 15 个地区平均水平之下，但 2020 年排放总量在 15 个地区平均水平之上，其降幅分别达到 62.3%、44.2%、18.3%，陕西省的工业烟粉尘排放总量先增后减，整体降幅仅到 18.3%，地方工业烟粉尘治理效果不尽如人意。

2）排放强度。污染物排放的绝对指标受城市群内部城市数量的影响，我们采用相对指标排放强度进一步分析，排放强度指标采用工业二氧化硫排放总量与城市群土地面积之比衡量。从表 2-18 看出，2010 年长三角城市群每平方千米的工业二氧化硫地均排放强度高达 9.1 吨，居七个城市群首位。珠三角城市群次之，排放强度达 8.8 万吨/平方千米。关中平原城市群和成渝城市群的排放强度也达到了 7.0 吨/平方千米及以上水平。京津冀和长江中游城市群的工业二氧化硫排放强度较低，分别为 5.9 吨/平方千米和 4.3 吨/平方千米。2020 年，关中平原城市群地均排放强度居首位，但也降至 1.0 吨/平方千米。长三角和珠三角城市群地均排放强度次之，但已降至 0.9 吨/平方千米，降幅均值为 90% 以上。其余城市群工业二氧化硫排放强度也均降至 1 吨/平方千米以内，工业大气污染物的影响被大幅控制。从数据可以看出，沿海城市群（长三角、珠三角）的废气排放强度明显高于内陆城市群（其余 5 个城市群），2010 年沿海城市群和内陆城市群废气平均排放强度差距为 2.7 吨/平方千米，2020 年这一地区差距降到 0.19 吨/平方千米，地区间工业废气排放强度差异在缩小。

表 2-18　城市群工业二氧化硫地均排放强度　单位：吨/平方千米

城市群	2010 年	2015 年	2016 年	2017 年	2018 年	2019 年	2020 年	趋势
京津冀	5.9	4.7	2.7	1.8	1.4	1.2	0.6	
长三角	9.1	6.3	3.4	2.3	1.8	1.4	0.9	
珠三角	8.8	6.4	4.3	3.2	1.7	1.2	0.9	
长江中游	4.3	4.0	1.9	1.2	1.0	0.8	0.5	
成渝	7.0	4.8	2.6	1.8	1.3	1.0	0.7	
中原	6.6	5.6	2.6	1.7	1.3	1.2	0.7	
关中平原	7.5	4.7	2.3	2.0	1.8	2.3	1.0	

资料来源：相关年份《中国城市统计年鉴》。

从工业烟粉尘地均排放强度（见表 2-19 和图 2-10）来看，2010—2020 年 10 年烟粉尘地均排放强度总体下降 75.7%。分地区来看，上海市的地均工业粉尘排放量远高于其他地区，2010 年排放强度为 17.78 吨/平方千米，是平均水平的 4 倍，到 2020 年该地区工业烟粉尘排放强度大幅下降，不到 2010 年的 1/10，降幅为 90.6%。与上海相对的是河北省，2010 年地均强度 4.37 吨/平方千米，略高于平均排放强度，到 2020 年降为 1.98 吨/平方千米，下降幅度 54.8%，成为 15 个地区排放强度之首。从城市群角度来看，长三角、京津冀的烟粉尘地均排放强度较高，平均排放强度分别为 7.32 吨/平方千米、4.92 吨/平方千米（2010 年），高于长江中游、关中平原等城市群的平均排放强度 2.41 吨/平方千米和 1.14 吨/平方千米（2010 年）。到 2020 年，长三角、京津冀、长江中游、关中平原城市群的平均排放强度分别为 1.25 吨/平方千米、1.30 吨/平方千米、0.88 吨/平方千米和 0.93 吨/平方千米，城市群之间的差距缩小。

表 2-19　城市群所在地区工业烟粉尘地均排放强度

单位：吨/平方千米

城市群	城市	2010 年	2014 年	2015 年	2016 年	2017 年	2018 年	2019 年	2020 年	趋势
京津冀	北京	3.93	3.42	2.94	2.96	2.05	1.41	1.00	0.56	
	天津	6.46	12.35	8.91	4.67	3.83	3.09	2.58	1.38	
长三角	河北	4.37	9.58	8.39	4.37	3.08	2.87	2.57	1.98	
	上海	17.78	22.48	19.15	7.65	3.17	2.89	2.44	1.67	
	江苏	4.74	7.44	6.38	7.84	6.16	5.18	3.98	1.56	
	浙江	3.07	3.72	3.24	3.84	3.08	2.68	2.36	0.84	
珠三角	安徽	3.72	4.67	3.91	7.01	4.21	3.44	4.01	0.93	
	广东	2.31	2.50	1.93	4.34	3.01	3.43	3.26	0.87	
长江中游	湖北	1.82	2.71	2.40	2.72	2.23	1.70	1.71	1.02	
	湖南	3.33	2.34	2.15	3.31	2.83	2.52	2.36	1.01	
	江西	2.32	2.77	2.88	4.09	3.34	2.66	2.39	0.87	
成渝	四川	1.00	0.89	0.86	0.87	0.85	0.72	0.72	0.47	
	重庆	3.55	2.75	2.54	2.14	2.04	1.96	1.91	1.03	
中原	河南	4.63	5.28	5.07	2.28	1.54	1.29	1.05	0.51	
关中平原	陕西	1.14	2.32	1.98	1.86	1.37	1.02	0.98	0.93	

资料来源：相关年份《中国环境统计年鉴》，笔者基于城市群所在地区（省份）数据整理而得。

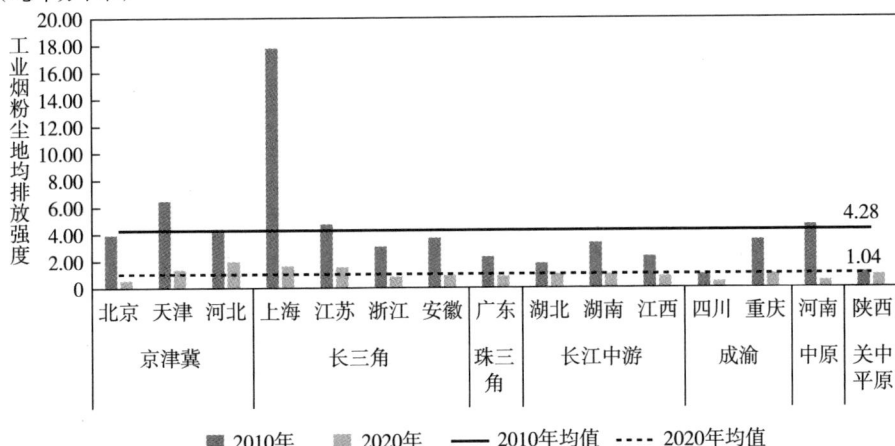

图 2-10　城市群所在地区工业烟粉尘地均排放强度

资料来源：笔者根据相关年份《中国城市统计年鉴》中的数据绘制而成。

（3）工业大气污染治理情况。由于《中国环境统计年鉴》和《中国城市统计年鉴》均未报告大气污染物治理指标，我们采用工业二氧化硫去除量和工业烟粉尘去除量代表大气治理指标。这里的二氧化硫去除量采用《中国城市统计年鉴》公布的工业二氧化硫产生量和排放量之差代替，2011—2015 年工业烟粉尘去除量的数据来自《中国城市统计年鉴》公布的工业烟粉尘去除量指标，其余年份由于缺少直接公布的指标，我们采用工业烟粉尘产生量和排放量之差代替。为了保障数据完整性，我们仅报告了 2016 年以前的数据，2017 年及以后的城市数据缺失较多，这里不予报告。根据二氧化硫（烟粉尘）去除量和产生量数据，我们还报告了二氧化硫（烟粉尘）去除率。表 2-20、表 2-21 为城市群典型城市工业二氧化硫、烟粉尘去除量。

表 2-20　城市群典型城市工业二氧化硫去除量　　　　单位：吨

城市群	典型城市	2010 年	2011 年	2012 年	2013 年	2014 年	2015 年	2016 年
京津冀	北京	129888	93415	100163	104943	94768	42083	32545
	天津	374014	333016	408428	503863	654737	367668	379608
长三角	上海	349849	324195	—	—			
	南京	606632	121530	853638	398536	403657	211584	230531
	杭州	92156	61055	75994	89336	72026	76286	75395
	合肥	22370	39115	52769	81852	83942	78454	74382
珠三角	广州	392842	—	—	379755	381457	388041	465944
	深圳	38554	30257	26836	27149	26617	32115	8299
长江中游	武汉	153925	159764	150841	152678	178619	165600	177147
	长沙	48333	44304	34598	26441	23841	31861	39255
	南昌	52134	24236	44053	—	50320	61086	69657
成渝	重庆	962388	994994	775688	910566	935940	752191	873059
	成都	61402	56147	65668	63472	95421	79696	50559
中原	郑州	51684	125509	259018	201760	295083	260638	213567
关中平原	西安	63563	116	172845	77319	99148	99567	69840

注：—代表当年数据未得到。

资料来源：相关年份《中国城市统计年鉴》，笔者采用城市群主要城市工业二氧化硫产生量和排放量之差代理工业二氧化硫去除量。

表 2-21　城市群典型城市工业烟粉尘去除量　　　　单位：吨

城市群	典型城市	2011 年	2012 年	2013 年	2014 年	2015 年	2016 年
京津冀	北京	—	—	—	—	1448661	1309454
	天津	76933935		6640410	4802256	4241857	4769863
长三角	上海	—	—	—	—	—	—
	南京	6168967	5684896	5396989	6114125	5273172	6772135
	杭州	4489481	4063616	4172829	4784180	4002281	3966587
	合肥	4239830	4503070	4770975	4864206	2800373	3656643
珠三角	广州	—	—	3114074	3119780	3106596	3472239
	深圳	502766	391967	388863	390471	266417	239277
长江中游	武汉	3498537	3205296	2874300	2800000	3740047	3185922
	长沙	1533391	1316949	1141000	1406706	1022643	408160
	南昌	1369489	753404	—	1252864	1029312	1142983
成渝	重庆	17837455	17302086	20166984	19058488	15529733	22232537
	成都	2009837	3484497	2342401	1588784	1369221	1417322
中原	郑州	7355354	10193815	10193815	8619200	9732531	8762727
关中平原	西安	63563	1287720	1267723	1668077	1457590	1090607

资料来源：2011—2015 年数据来自《中国城市统计年鉴》，2016 年采用城市群主要城市工业烟粉尘产生量和排放量之差代理工业烟粉尘去除量。

　　工业二氧化硫和工业烟粉尘的去除量是指工业大气污染物经治理设施处理所去除的污染物量，代表地区环境治理程度。从图 2-11 二氧化硫去除率来看，二氧化硫平均去除率从 2010 年的 57.9%提高到 2016 年的 83.1%，平均去除率增加25.2%，表明城市群主要城市环境治理水平普遍提高。分城市来看，2010—2016 年，郑州、西安、合肥等市的工业二氧化硫去除率增长较快，2010 年郑州去除率为 86.0%（较 2016 年增长 55.3%）、西安去除率为 93.4%（较 2016 年增长 49.6%）、合肥去除率为 89.2%（较 2016 年增长 48.0%），表现为中原城市群、关中平原城市群二氧化硫去除率赶超东部城市群。东部城市群如京津冀、长三角和珠三角的二氧化硫去除率基础水平均较高，2010 年城市群内平均二氧化硫去除率分别为 66.4%、59.3% 和 68.8%，高于所有城市平均去除率（57.8%），但增长有限，分别增长 15.3%、22.5% 和 10.9%，同时其二氧化硫排放量和去除量基数较大，平均去除量比其余城市群平均去除量约高 1/4，可见东部经济较为发达的城市群在工业二氧化硫治理上仍具有较大压力。

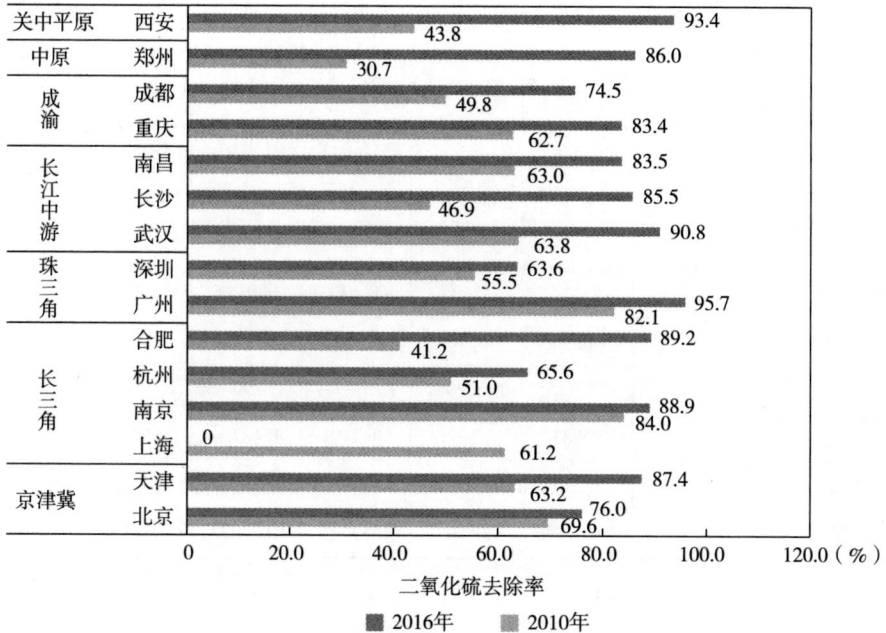

图 2-11　城市群典型城市工业二氧化硫去除率

资料来源：笔者根据相关年份《中国城市统计年鉴》中的数据绘制而成。

由表 2-22 可知，城市群典型城市工业烟粉尘去除率水平均较高，2016 年典型城市平均去除率为 99.7%（剔除上海、成都的数据），较 2011 年的 94.6%（剔除北京、上海、广州的数据）小幅增长。关中平原城市群的中心城市西安 2011 年烟粉尘去除率仅为 43.8%，烟粉尘治理情况较不理想，但之后其烟粉尘去除率有了明显的提升，2016 年达到 99.7%。

表 2-22　城市群典型城市工业烟粉尘去除率　　　　单位:%

城市群	典型城市	2011 年	2016 年
京津冀	北京	—	99.4
	天津	99.9	98.8
长三角	上海	—	—
	南京	99.2	99.3
	杭州	99.2	99.5
	合肥	99.1	99.7
珠三角	广州	—	99.7
	深圳	99.8	99.3
长江中游	武汉	99.4	98.3
	长沙	99.3	98.3
	南昌	98.6	97.1
成渝	重庆	99.0	99.6
	成都	98.9	—
中原	郑州	99.0	99.7
关中平原	西安	43.8	99.7

资料来源：相关年份《中国城市统计年鉴》。

2.4　本章小结

本章从目标城市群界定、环境政策现状、城市群水污染现状、城市群大气污染现状四个方面进行分析阐述。

第一，本章界定了本书的七个目标城市群及其行政范围，分别为京津冀、长三角、珠三角、长江中游、成渝、中原和关中平原城市群，并基于 LandScan 数据对七个目标城市群的空间结构进行了分析。研究发现，尽管各城市群空间形态不同，但均呈现人口向中心聚集的特征，但长江中游、成渝、中原和关中平原的聚集程度与京津冀、长三角和珠三角有较大差距。

第二，本章将环境规制演进历程分为初探、转型和创新阶段。环境规制创新包括环境规制从区域治理向区域联防联治方向发展，环境规制方式从行政指令式向市场激励和行政指令相结合的方向转变，还包括中国环境法治体系从末端治理向全过程治理改善。此外，环境规制强度在逐步增加。一方面，环境监管费用支出明显上升，环境监测的信息化建设不断加强；另一方面，五年规划中的污染物削减目标扩大。

第三，本章选取工业废水排放量和工业化学需氧量排放量两个指标衡量分析城市群水污染现状。结果显示，城市群工业废水、工业 COD 平均排放总量显著下降，沿海城市群的污染物排放量基数较大，但地区间的排放强度的差距在缩减，呈现沿海城市群污染基数下降速度快于内陆城市群，以及污染向内陆迁移的趋势。各城市群的废水处理能力显著增强，2020 年七个城市群城市污水处理比例均达到96%以上。

第四，本章选取工业二氧化硫排放量和工业烟粉尘排放量两个指标来衡量城市群大气污染现状。结果显示，城市群工业大气污染情况得到显著改善，沿海城市群（长三角、珠三角）的废气排放强度明显高于内陆城市群（其余五个城市群），但地区间大气污染物排放强度差距在缩减。城市群的大气污染治理能力显著提高，主要城市二氧化硫去除率、烟粉尘去除率大幅提升。

第3章 文献综述

3.1 环境污染的影响因素相关研究

3.1.1 经济增长、贸易活动与环境污染的关系

增长极限说提出经济增长因受到自然资源的制约而无法长期持续（Meadows et al.，1972），然而经验显示，随着经济体量的增长，经济发达国家的生态环境水平会提高。相应地，增长极限学说逐渐过渡到环境库兹涅茨曲线学说（EKC）。环境库兹涅茨曲线指出在工业发展初期，环境恶化程度随着经济增长而加剧，但当经济发展到一定水平，通过某一临界值后，环境恶化情况又随着人均收入的增加而减缓，环境质量得到改善，Panayotou（1993）将污染—收入的倒"U"形曲线命名为环境库兹涅茨曲线（后续扩展到"N"形和倒"N"形）。为什么经济活动的增长不再以资源为绝对限制（增长极限说），EKC 的支持者认为增长极限说的局限在于它假定了生产技术和环境治理水平保持不变，但生产技术的改善和环境治理的加强放宽了这一假定，因此当经济增长达到某一转折点后，污染将逐渐下降。Beckerman（1992）指出改善环境的根本途径是国家变得富有。

EKC 的唯收入论遭到了众多质疑。研究发现，污染指标的选取会影响环境库兹涅茨曲线的有效性。Shafik（1994）经验结果显示人均二氧化碳排放量与人均收入呈线性上升关系；Perman 和 Stern（2003）则发现硫污染物和经济增长之间不存在 EKC 曲线关系。鉴于这些研究结论，那么 EKC 曲线究竟具有哪些疑点呢？首先，有些学者认为新技术降低污染的情形只是暂时的，这是因为新技术带来的新污染类型暂时未被发现（Dinda et al.，2000）。针对新技术污染的环境规制推出后，就会产生一组 EKC 曲线，并非新技术导致污染缓解。其次，污染转移说受到广泛追捧，很多经典文献质疑 EKC 曲线的形成是收入决定的，他们认为富裕国家（发达国家）的环境质量改善的来源是污染转移。Unruh 和 Moonmaw（1998）认为贸易通过发展中国家向发达国家出口制成品，发达国家向发展中国家购买制成品的形式实现了污染的转移，EKC 曲线的工业前期和工业后期部分由此形成。最后，经济活动的空间密度也被视为环境改善的原因，Kaufmann 等（1998）认为经济活动密度的增加促使了二氧化硫污染改善。其中，贸易转移污染理论代替 EKC 学说受到了广泛肯定。

贸易是否实现了污染的转移？根据国际贸易理论，国家分为穷国和富国两类经济体，穷国从事劳动密集型和资源密集型产品的生产，富国从事人力资本型和资本密集型产品的生产，其中劳动密集型和资源密集型产品多为污染型产品。富国通过向穷国进口污染品满足对污染品的消费需求（Cole，2004）。具体而言，发达国家通过生产外包、攫取价值链上游价值的方式改善了本国生产过程中的排污情况，对污染型制成品的消耗通过向外进口来补充本国需求。但这并不代表发达国家实现了清洁化的经济发展，其消费结构并没有改变，EKC 曲线记录的不是环境的改善，而是污染由发达国家向发展中国家的转移（Cole et al.，2000）。

这种学说被归纳为污染避难所假说（Pollution Haven Hypothesis，PHH）。污染避难所假说又称"污染天堂假说"和"产业区位重置假说"，是研究污染品生产时衍生而出的理论。污染避难所假说指出，在贸易自由化条件下，产品价格最终统一为同一价格，产品的生产区位由生产成本决定。污染避难所假说假定南—北（穷国—富国）存在环境不平等，即南北两地生产需支付的环境成本不同，在其他要素价格相同的情况下，环境支付成本差异决定了两个生产区位的生产成本差异，污染企业为了逃避本国严格的环境规制带来的高额成本，而选择迁移到环境规制较弱的欠发达国家。

但要素禀赋假说否定了上述观点，要素派认为污染型的资本密集型产品生产发生在富国，清洁型的劳动密集型产品生产反而集中在穷国。这是因为发达国家的资本较为充裕，资本密集型企业更倾向于在发达国家投产，而发展中国家的劳动力价格低廉，生产劳动密集型企业更容易在发展中国家选址。Grossman 和 Krueger（1991）通过经验检验指出贸易方向是由要素禀赋差异决定的，而非环境禀赋差异。这推翻了贸易转移污染理论的基础假设，使 EKC 曲线的成因再次回到原点。

3.1.2　环境规制与环境污染的关系

污染避难所假说认为环境不平等是贸易污染转移的关键（陆旸，2012）。环境不平等可以解释为环境禀赋差异，如国家间自然资源丰裕度差异，也可以解释为由环境规制差异引起的环境不平等，两者并非独立存在，自然资源丰裕的地区可接受的经济开发程度较高，由此地区制定的环境规制水平可以向下调低，资源贫瘠的国家正好相反。除在南北污染转移理论中占据重要角色外，环境规制差异也是地区间污染情况差异的重要因素。

经验研究表明，环境规制的提高引起污染的就近转移。沈坤荣等（2017）构建三地区模型推演邻近城市环境规制水平和本地污染物排放之间的关系。由于环境规制和环境污染之间存在内生关系，他们采用空气流动系数为工具变量，即空气流动系数低的城市倾向于制定严格的环境政策，因果检验显示环境规制确实产生了污染的就近转移。此外，就近转移还呈现出以邻为壑的结构效应特征，即邻地环境规制并非通过提升本地产业规模加剧本地污染（规模效应），而更倾向于通过改变本地产业结构污染程度增加本地污染（结构效应）。包群等（2013）探讨了环境立法对污染物排放的影响，他们采用倍差法进行检验，结果显示环境立法对污染物排放整体不存在显著影响，但在环境立法时效的前提下环境执法水平的提高显著抑制了污染物排放。这一结果说明，单纯立法的作用有限，甚至反而加剧了地区污染物排放。这是因为企业在察觉到执法力度不足的情形后很可能扩张污染产品的产量，或者采取提前污染的做法应对立法政策，最终导致立法反而加剧环境污染的后果。周浩和郑越（2015）认为应该区分环境规制对存量和增量企业（新企业）的影响差异。由于存量企业的迁移成本远高于增量企业，因此环境规制对存量企业的影响远低于增量企业，增量企业对环境规制变化的敏感程度更高。此外，污染存在由东（沿海）向西（内陆）转移两种趋势，东部沿海地区经济优先发展，生产活动密集，环境规制水平较高，而西部内陆地区资源丰裕，经济开发不充分，环境规制相对宽松，污染企业向内陆环境要求低的地区迁移。蔡宏波等（2021）认为交通设施会放大环境规制对污染企业的选择效应，高铁开通这一准自然实验抑制了东部城市、大型城市和发达城市的污染企业迁入，对私营污染企业选址有显著影响，但对外资企业和国有企业影响不明显。

另外，环境规制提高会增加企业生产成本，这一超额支出是否伤害了实体经济增长和就业？新古典经济学家认为，环境规制将提高企业的生产成本，同时挤压原本该投入生产的生产要素，使得经济活动重点由生产转移到环境保护上，从而削弱了企业的创新力和竞争力，这种观点被称作"成本假说"。然而，也有一种看法认为适当的环境规制将促进企业进行更多的创新活动，提高企业生产力、优化生产要素配置效率，从创新中得到补偿以抵消生产成本增幅，并进一步提升企业的市场竞争力，这种观点被称作"波特假说"，这种效应被称作"创新补偿"效应（Porter and van der Linde，1995）。

黄志基等（2015）认为环境规制对中国企业的效应符合波特假说的正向补偿效应，且邻近城市的环境规制对该城市生产率也有正向影响，这是因为邻近城市的规制限制了该城市污染企业向邻近企业迁移的可能，倒逼当地城市企业技术创新。余泳泽和林彬彬（2022）认为波特假说在中国的经验检验具有不确定性。因为西方环境规制一般通过环境税收和财政补贴等市场化形式实行，而中国处于体制转型的发展阶段，主要通过命令式或者政府绩效考核式形式开展环境规制工作。从"十一五"规划开始，中国明确提出将地方干部的污染减排绩效与任用选拔和奖惩相挂钩，实施环保目标责任制，而从"十一五"规划给定的主要污染物减排目标来看，减排责任具有区域偏向性，表现为对欠发达地区较为宽容而对发达地区较为严格的特征，由此波特假说的验证也产生了区域偏向性。基于"波特假说"，不同的环境规制方式也会产生不同的研发激励效果。Cremer 和 Gahvari（2004）假定一个两种环保税税收竞争模式，指出当各国同意对污染商品按最低税率征税时，税收竞争可能会转移到排放税上（按生产水平征收），而经济一体化促进企业采用污染较少的生产技术。

此外，随着环境保护事业的发展，环保行业得到发展机会，产生了许多绿色岗位，为绿色产业增值和就业带来正效应。Morgenstern 等（2002）将环境保护的就业效应归纳为以下三个方面：第一，"成本效应"。即在技术水平不变的基础上，环境规制会提高企业的生产成本。为了对冲这部分成本，企业必须投入比平常更多的生产要素以达到之前的产出水平，这一效应又称"规模效应"；而如果环境成本推升了产品价格，消费者减少了产品需求，需求弹性变动，则产生了"需求效应"。第二，企业增加治污投入以应对严格的环保政策，并对就业产生了两种不同的效应：一方面，由于治污投入偏向于劳动投入，相比减少生产资料和燃油燃料的投入，清洁活动更多涉及人工服务如维修、清洗等活动，由此对就业产生了拉动作用；另一方面，治污投入可能偏向于治污设备投入，以资本替代劳动力投入，对就业产生"要素替代效应"。第三，环境规制产生的污染转移效应使得一地"棕色"就业减少而另一地实现"棕色"就业增长，同时规制拉动的绿色就业增长补偿了当地的棕色就业损失。经验研究指出环境保护带动的就业新增大于就业损失，呈现正的净效应（Golombek and Raknerud，1997）。

3.1.3 行政力量与环境污染的关系

研究者发现，行政区域间的经济竞争和地方保护主义会推动污染企业向行政边界处集聚，形成边界污染。边界污染是边界负效应的一种，研究者认为行政边界的负面效应一方面是财税竞争导致的地方保护主义和市场分割后果，另一方面是官员晋升竞争引起的地方官员推动边界公共设施建设动力不足（周黎安，2011）。经验检验显示，中国省界线上的县级单位比其他地区人均 GDP 水平低

8%，交界处接壤的省份越多，位于交界线附近的县级行政区越落后。徐志伟和刘晨诗（2020）的经验研究指出京津冀地区污染企业在环北京市行政区域外推50千米范围内大量聚集，呈现环北京市行政区的污染"灰边"，这种污染呈现模式显然与行政级别差异有关。为推进首都城市功能建设，北京市指导污染物排放量较大、高能耗、工艺落后和不符合首都城市功能定位的企业退出，并制定了更严格的环境规制政策。但为了靠近相对更大的需求市场，退出的污染企业会集聚在北京市行政边界外的河北省，并不完全离开北京市需求市场。徐志伟等（2020）认为污染企业应该向外迁移，但不应该彻底远离中心城市，污染企业受到环境规制的排斥力和中心城市市场潜能的向心力的共同作用，企业存续状态与和城市中心的距离呈倒"U"形关系。

此外，行政边界对河流污染也存在边界效应，由于缺乏地区间合作的环境监管政策，各地区在进行污染物排放决策时，上游地区都倾向于加大向下游地区的污染倾倒物，即"搭便车"行为，这种上游污染下游治理的非合作博弈导致整个流域的公共悲剧（李静等，2015）。Sigman（2004）指出美国将环境治理权力下放到各州能够有效抑制污染物排放，但可能会产生跨州污染溢出，据估计，"搭便车"导致流域下游水质下降4%，下游州承担的环境成本因此增加1700万美元/年。Kahn等（2013）指出地方官员经常缺乏动力去减少行政边界处的污染活动，如果能够改变官员晋升竞争管理模式，将会有效改善边界污染。

为解决地方竞争带来的边界污染现象，研究者考虑了垂直型环境监管政策。赵阳等（2021）关注了地方分级管理下边界污染形成的内在机制和环境垂直监管对边界污染的治理差异，通过构建垂直型监管机构和地方分级监管机构的环境监管决策模型，将着眼点放在边界水污染微观治理效果上，结果显示，基于地方分级管理形式的环境监管导致边界地区企业比非边界地区企业排放更多污染物，而基于垂直型管理形式的环保督察中心有效抑制了边界地区企业的污染物排放行为。实行自上而下的环境垂直监管将更好地防治环境污染。沈坤荣和周力（2020）基于国家监控企业环境监测制度考察垂直型环境监管对流域污染的治理效果。结果显示，基于国控点布局的上下游垂直环境规制有效抑制污染企业向上游迁移，符合"别在我后院"假说。但地区间财政竞争强度反向吸引污染企业向上游聚集，反而加重下游地区水质污染，形成"污染回流效应"，而通过检验边界效应发现，地级市内、省级行政区内的标尺竞争放大污染回流效应。

3.2　城市群集聚的空间效应相关研究

3.2.1　城市群集聚与经济增长、区域分工的关系

城市是经济活动的高级空间组织形式。城市通过极化效应聚集大量产业和人口，产业和人口的集中促进生产要素（人、商品、信息）在空间内的互动，从而产生收益递增的经济效应（Fujiata et al.，1999；Duranton and Puga，2004）。这种收益递增的空间效应和空间特征不仅表现在城市内部，还表现在相互作用的城市体系中。1898 年，霍华德在其著作 *Garden Cities of Tomorrow* 中提到城镇群体（Town Cluster）的概念，并认为应该将城市周围的城镇也划入城市规划的考虑范围。1915 年，Geddes 指出巨大的城市群落（Communities）沿着交通线聚集。Duncan（1950）提出城市体系（Urban System）概念。Haggett 和 Cliff（1977）基于空间扩散理论提出城市群空间演化过程模式。Gottmann（1957）提出 Megalopolis 的概念，并认为随着都市区域的扩张，一连串的都市区域连成一片使以前的都市区边界模糊，形成一种新的地理标尺。1961 年，Gottman 完善 Megalopolis 的界定标准，即总人口不低于 2500 万，人口密度不低于 250 人/平方千米的地理区域。Doxiadis（1970）预测世界将发展成连片巨型大都市区。正如其所料，世界著名城市群落如欧洲的"蓝色香蕉"、日本国土规划的"首都圈"、美国东海岸连绵的都市区，以及中国珠三角、长三角城市群落都取得了令人瞩目的经济效应。在对中国城市群落的研究过程中，城市群落曾经被称作"巨大城市带""大都市带""大城市连绵区"等译名（于洪俊，1983；叶舜赞，1994；周一星，1995），最终确定为"城市群"这一名称（姚士谋，1992）。2006 年，"十一五"

规划中政府首次采用"城市群"名称制定区域政策,"城市群"由此成为中国城市群落的专有名词。

城市群与经济增长的关系从非均衡增长理论展开。克利斯泰勒(1933)指出一个区域发展必须有核心区域,核心向周围地区提供物资服务,区域内存在等级规模分布,等级越高,区域内提供的产品和服务越多,区域的功能性越大。1955年,Perroux提出"增长极"的概念,并指出经济增长必然先出现于某个增长点或增长极上,然后向外扩散直到覆盖整个经济区域。这一效应被称为"极化效应"或"扩散效应",也称"涓滴效应"。增长极理论的支持者主张将资源、要素投入发展潜力较大的少数区域中的少数部门,以形成空间极化,带动周边地区发展。Friedmann和Alonso(1964)将工业社会的发展归纳为不均衡区域发展,分为四个阶段:农业社会阶段(孤立状态)、工业社会初期(出现村庄合并成城镇的情形,集聚经济出现)、工业社会成熟期(先开发的工业城市成为区域的中心城市,带动边陲地区发展,城市蔓延形成区域性的大城市)、工业社会末期(中心城市和边缘城市的发展差距越来越小,城市间分工增强,形成城市群),并将这种发展变化的来源归纳为核心—边缘理论(Friedmann,1966)。其中,核心地区一般指城市集聚区域,边缘区域指经济相对落后区域,核心和边缘之间存在极化和扩散的关系,边缘地区依附核心地区发展。这些理论尽管各有主张,但均表达了共同观点,即以部分中心城市为增长极的区域空间形态即城市群形态将辐射带动整个地区的经济发展。吴传清和李浩(2003)的观点认为,城市群是由数个中心城市和大量中小城市组成的城市和市镇的群体,具有完整的城市等级体系。在城市群中,中心城市发挥着引领和带动中小城市发展的重要作用。陆铭等(2011)指出城市体系应该在中心城市带动中小城镇发展的大城市群或大都市群架构下发展,通过大城市的规模效应和辐射效应推动农村工业化和城镇化进程,实现城市群带动城市化的跨越。

城市群的发展深化了区域分工。首先出现了部门间和产业间的分工,即不同城市发展不同类型的产业。产业分工与城市规模等级有关。Friedmann(1986)和方创琳(2005)指出城市群的规模等级体系是跨国生产活动的区域分工的结果。位序—规模法则指出,一个给定人口数量的经济体逐渐会形成少数大型城市和大量小城市组成的城市规模分布，每个城市的人口与它的位序相乘等于最大城市的人口规模。勒施提出的等级城市规模分布理论指出城市体系中位于等级顶端的大城市多呈现出多样化产业结构，而中小城市呈现出专业化产业结构。这两种产业形式被进一步描述为专业化产业集聚（Marshall，1890）和多样性产业集聚（Jacobos，1969）。Anas（2004）、Anas 和 Xiong（2003）指出城市的多样性和专业化是贸易成本和城市区位成本相互作用的结果。此外，城市的劳动力技能分布也在城市间分化，一般而言，大城市劳动力技能种类较为丰富，小城市劳动力技能则相对单一化和专业化，这解释了为什么大城市收入差距比小城市大，因为大城市中高技能工人和低技能工人的工资差距在扩大（Machin，1996）。

进一步地，城市群分工呈现出传统分工向功能分工转变的趋势。Duranton 和 Puga 提出了功能专业化的概念，即将产业链不同环节、工序进行专业化分工。2005 年，Duranton 和 Puga 提出了城市功能专业化概念（Functional Urban Specialization），即将产业链条的环节分散到不同区域中，形成区域的功能化分工，其文献还给出了这种新型分工类型的测度方法。魏后凯（2007）将发达地区的区域分工归纳为：大都市中心提供总部、研发设计、广告营销、技术等服务，中心城市郊区（工业园区）和其他大城市发展高新技术产业和先进制造业，而周边小城市提供一般制造业和零部件生产。贺灿飞（2012）等从跨国公司视角研究城市的功能区位，指出城市功能专业化与价值链挂钩，中国城市体系高端的城市吸引价值链高端的产业，并呈现功能专业化。赵勇和白永秀（2012）通过测算城市功能专业化指数得出中国城市群空间功能分工水平仍处于较低水平，中心城市的功能化分工水平远远高于外围城市，且功能分工水平与城市规模等级有关。

另外，部分研究指出城市群区域分工呈现网络化。Meijers 等（2016）指出单一城市通过城市网络经济（City Network Economy）嵌入区域分工中。许多研究证明嵌入城市网络（包括企业网络、资本网络、知识网络、商品网络）会获得一些外部性红利，甚至有时候外部性红利比当地要素资源的作用更大。Alonso（1973）指出一些围绕大都市分布的小型城市能够借用毗邻大都市的集聚效应，还可以规避拥挤成本。在这种假设下，大都市将作为环都市圈的功能区存在，为附近周边城市提供特定类型的公共服务，并组织配置环都市圈的资源和生产要素。Pyrgiotis 等（1991）认为经济全球化和区域一体化促使跨国网络化的城市群结构出现。Phelps 等（2001）探讨了伦敦周边的小城市小企业的"借用规模"的情形，结果显示都市圈周围的小城镇企业能够享受伦敦都市圈的专业劳动力池和知识外溢。刘修岩和陈子扬（2017）检验了中国城市体系的借用规模现象后发现，存在小城市对大城市的借用规模现象，但具有门槛效应，借用规模随地理距离的增加而衰减。

3.2.2　城市群集聚与贸易、产业布局和劳动收入等的关系

城市群研究涉及贸易、产业布局和劳动收入等多个方向。杨小凯等（2003）认为，城市集聚会在空间形成更大的交易网络，空间上的紧凑使交易成本下降，更容易促进城市群内形成分工。范剑勇和叶菁文（2021）指出城市群是中国国内贸易、所处区域贸易的主力军，十大城市群贸易总量占中国国内贸易总量的 61%，显著高于城市群城市数量的全国占比（40%）。城市群内部贸易联系较群外贸易联系更为紧密，东部区域长三角城市群是中部区域、西部区域各个城市群的第一大或第二大外部进口商，是中国实质的贸易中心，而中西部城市群起到为东部区域城市群提供生产原材料和中间品的作用。城市群产业布局也是研究的重要方向之一。万庆和曾菊新（2013）指出城市群的产业结构不是简单地由各个城市的产业部门之和构成的，而是由城市间相互作用所形成的劳动地域分工结果。他们对武汉城市群的产业结构现状定量判断，武汉城市群大部分城市未能从更大区域内的产业重组和专业化分工中获取效益。宋吉涛（2009）认为影响城市产业联系的要素既有经济成本、社会因素，也有技术和产业链等因素。而不同产业的空间组织模式存在异质性，城市之间的联系具有很强的产业依赖性。李培鑫和张学良（2021）从城市群工资溢价视角出发，指出城市经济活动不仅受到本地集聚的影响，也会得到来自城市群内部其他城市共同集聚带来的规模效应。实证检验显示除城市自身规模外，城市群内其他城市形成的集聚效应也会对本地经济

主体产生工资溢价，城市群规模扩大 1 倍，劳动者工资提高 6.7%~8.0%。机制检验表明，产业功能的跨城市分工、知识溢出、市场一体化及城市群多中心的疏解功能是城市群集聚外部性的重要来源。

3.3　城市群集聚和环境污染相关研究

我们回顾了影响环境污染水平的相关因素的研究，包括经济增长、贸易、环境规制、行政力量等方面的研究；同时回顾了城市群集聚的空间效应，包括经济增长、区域分工、贸易和劳动收入等方面的研究。但现有文献较少将两者结合起来进行研究，其大多是探讨集聚与污染的关系，包括人口集聚、城市集聚、产业集聚对环境污染的影响，城市群集聚对环境污染的影响则较少提及。对此，我们分两部分进行梳理：一是人口、城市、产业集聚对环境污染的影响；二是城市群集聚对环境污染的影响。

3.3.1　人口、城市、产业集聚对环境污染的影响

环境污染是本该由企业内部承担的环境治理成本转嫁到社会的负外部性，这种负外部性受到规模经济的影响。马歇尔阐述了规模经济的两种形式，即以单个企业生产经营效率提高而产生的内部规模经济和多个企业间联合、分工形成的外部规模经济。从内部规模经济来看，企业生产扩张会导致能源的成倍消耗，形成污染物排放的规模效应；但也推动企业提高自组织性、管理效率、资源配置效率，进而降低污染物排放。外部规模经济也产生了相似的两种规模效应，即污染端的规模效应和治理端的规模效应（刘习平和宋德勇，2013；原毅军和谢荣辉，2015），人口和经济活动的集聚有利于降低单位工业增加值的污染物的排放强度，这种减排效应来自地方污染净化设施和绿色公共设施的建设、公众和政府监督成本等的规模效应（陆铭和冯皓，2014）。张可和豆建民

（2015）也指出集聚的正外部性、污染治理的规模经济、专业化分工和集中监管可能有利于减排。

规模经济对污染物排放的影响具有长短期效应。王兵和聂欣（2016）以开发区设立为准自然实验，通过匹配河流水质监测点和开发区的地理相邻信息研究产业集聚对周边水域的影响，实证检验发现开发区设立后，周边河流水质出现了明显恶化的情况，但这种恶化主要来自企业在设立开发区后进行了内部规模扩张，以及新进入企业产生的污染规模扩张，最终表现为污染的集中排放。他们认为产业集聚短期内会加剧环境污染。杨仁发（2015）认为产业集聚的这种短期污染具有门槛效应，当产业集聚水平低于门槛值时，产业集聚将加剧环境污染，但当产业集聚水平高于门槛值时这种现象将会发生反转，外商投资和科技创新是影响途径之一。李勇刚（2013）也认为产业集聚对环境有正向外部效应，这种效应呈现正"U"形影响，从当前来看，这种影响在"U"形曲线的拐点左边，产业集聚对污染物排放存在抑制作用。同时产业集聚的正向外部效应存在区域异质性，对东部地区的改善作用大于中西部地区。

Zeng 和 Zhao（2009）构建了规模报酬递增条件下两国两部门贸易模型，并假定污染降低农产品产量，以及工厂可以自由移动。结果显示，第一，污染会通过降低当地农产品产量进而降低当地劳动收入，这一收入缩减效应（Income-Reduction Effect）阻碍了污染企业向环境规制水平高的国家迁移；第二，制造业集聚可以减轻"污染天堂效应"，这是因为制造业集聚产生本地市场效应，抵消部分环境规制上升带来的成本，污染企业不愿意放弃大城市带来的正向效应。如果两国间的污染规制水平差异并不大，"污染天堂效应"可能不会出现。张可和汪东芳（2014）从生产端和产出端出发将污染纳入生产密度模型中，构建经济集聚和环境污染的理论模型，并利用联立方程组对中国地级市数据进行实证检验，结果显示，经济集聚通过产能扩张加重环境污染，环境污染对经济集聚存在反向抑制作用，且与劳动生产率密切相关。可能的原因是劳动生产率是生产要素的一种优化组合，环境作为一种生产要素，能够与其他要素相互替代，因此在一定程度上，劳动力、资本或技术等要素可以替代环境要素，起到减排作用。这也是市场潜能或本地市场效应能够抵消拥挤效应的原因之一。任晓松等（2020）认为经济集聚通过要素共享降低成本、减少交通运输距离、提高生产效率节约能源以降低碳排放量。但当城市规模过大时（过度集聚）产业集聚的环境净效应转正为负（杨敏，2016；邵帅等，2019）。刘习平和宋德勇（2013）指出城市规模越大，产业集聚所带来的环境改善效应就越大。但对于城市非农业人口超过 200 万的特大型城市来说，产业集聚和人口的过度集中，则会恶化城市环境。

一些文献注意到产业集聚类型对环境污染的异质性表现。胡安军等（2018）指出单一产业的专业化集聚可能形成垄断型市场结构，弱化绿色创新动力，而不同产业的多样化产业集聚形成竞争型市场结构，促进企业绿色效率改善。大中型城市环境质量改善得益于多样化集聚带来的雅各布斯（Jacobs）外部性，小型城市的环境情况受到专业化集聚外部性影响更多（邓玉萍和许和连，2016）。可见这两种类型的产业集聚不仅对传导机制"绿色技术效率"有异质性影响，还与城市规模有关联效应。

3.3.2　城市群集聚对环境污染的影响

城市及城市群是一种空间上的经济组织形式，表现为经济活动在区域内的不均匀分布、极化、集聚，在污染生产和治理上也表现出极化和集聚的倾向。城市群还表现出了等级规模、产业部门分工和技术工人分化等特征，系统的复杂性让城市群环境污染防治也面临很大的挑战，城市群在高强度发展的同时能否实现环境友好的可持续发展是现实问题。王枫云和陈亚楠（2017）指出随着城市群发展壮大，"城市群病"逐渐浮出水面，"城市群病"包括行政过度干预资源配置、内部发展差距大、城市功能集中、环境污染严重等问题。张可和汪东芳（2014）指出经济集聚和环境污染存在明显的空间溢出效应，相邻城市间的经济集聚和环境污染具有交叉影响，并呈现出连片化的特征。尽管城市内部的集中式污染治理具有治理的规模效应，但城市之间是否存在"污染避难所"和"污染天堂"式的逐底竞争排放进而加重环境污染？王枫云和陈亚楠（2017）在总结"城市群病"时就表达了这种担心，他们指出城市群虽然多但不强，无法起到分工合作、规模经济的作用，同时城市群内部协同程度较低，城市群内部受到行政区分割和地方利益的影响，城市之间处于非合作博弈模式，中心城市吸血、各自为政的情形频发。

柴泽阳和申伟宁（2022）认为"城市群化"带来环境污染的复合效应和外溢效应，竞争式的经济发展模式在引致本地污染物排放加剧的同时，也导致周围城市的环境污染加剧。卢洪友和张奔（2020）指出城市群中心城市虽然能够产生技术溢出效应，带动周边城市发展，但也会对周边城市产生虹吸效应。周边城市尽管有学习效应的存在，但也会受到污染规模效应的影响。在他们的研究中，长三角城市群出现了"中心—外围"的发展模式，中心城市污染下降，外围城市污染水平上升，整体污染水平上升。不少研究认为城市群的经济集聚过程对污染的影响是非线性的。王海虹和卢正惠（2022）认为经济集聚过程中会对城市空气质量产生影响，二者呈现倒"U"形关系，在城市经济集聚初期污染增加，随后集聚到一定规模后污染降低。徐辉等（2017）在 STIRPAT 模型的基础上，检验了财政分权对城市群环境污染的影响路径，他们指出财政分权与水污染和大气污染均呈现"U"形关系，经济发展水平和人口水平较高时，财政分权会通过改善产业结构、降低人口集聚以及提升外资利用质量等途径降低水污染和大气污染，反之则会抑制科技创新进而进一步使环境恶化。

很多研究从城市群设立（扩容）角度出发考察城市群的环境外部效应。Chen（2014）建立模型发现较发达国家可以通过直接环境援助的形式有效进行科斯支付，也可以通过国际俱乐部的约束促使欠发达国家成为良好"环境公民"。其对后加入欧盟的 13 个中欧和东欧国家展开研究，讨论了欧盟成员国身份对新成员的环境绩效影响，结果显示欧盟一体化程度促进了欠发达国家进行污染减排。Gómez-Calvet 等（2014）在讨论欧盟成员国家的能源生产效率时，也发现欧盟扩容国家和欧盟老牌国家的能源效率差异很大，在减排方面仍有很大的发挥空间。Zhu 等（2006）建立两地区三部门的比较静态模型，检验了欧盟扩容对温室气体排放的影响，其指出欧盟扩容影响了欧盟成员国之间的国际贸易往来和生产要素流动，在这种背景下，贸易往来自由化有利于增加成员国的经济福利，而且不一定增加温室气体的排放，但要素流动性在固定生产技术的情况下会加重温室气体的排放。朱智洺等（2022）以长三角扩容为例，采用合成控制法检验城市群扩容对扩容城市环境的影响，研究显示扩容政策显著降低了城市群工业废水排放。张红凯（2022）采用双重差分模型检验国家级城市群设立的政策影响，发现城市群政策不仅能提升城市群人均 GDP，还能显著改善城市环境，实现经济红利和环境红利。

宋鹏等（2022）指出尽管城市群层面已建立环境协作治理机制，但城市在区域环境合作治理过程中仍存在一些问题，如有选择地执行环境规制、环境规制效率低下等问题。五大城市群城市之间的环境规制执行互动由"逐底竞争"转为"竞相向上"，长三角城市群城市间"协同治理"执行效果显著。狄乾斌等（2022）构建城市群减污降碳协同治理度评价体系，得到三大城市群（京津冀、长三角、珠三角）的降污降碳协同治理有序度显著增长，但协同度较低的结论。京津冀城市群和珠三角城市群降污降碳协同治理协同度的网络密度和网络结构复杂度高于长三角城市群，空间联系强度等级较高。

3.4 文献述评

在文献梳理的过程中，笔者发现了以下不足之处：第一，尽管经济集聚影响环境污染的相关研究已相对丰富，但较少研究从城市群集聚和区域一体化视角出发，探讨城市群集聚对环境污染的影响。即使有相关研究，此类研究也往往只从城市群扩容或城市群政策出台的政策效应角度来考察城市群设立对环境污染的短期效应，缺乏长时序下对城市群环境污染的整体研究。第二，现有研究多关注省、地级市、县市等较小的地理尺度下的环境污染的影响因素，较少从城市群这一更大的地理尺度下进行研究，因此关于城市群内城市和省份之间环境互动的研究较少。第三，虽有一些研究关注了城市群集聚的环境效应，但鲜有文献考虑城市群污染的空间分布，更缺乏关于城市群集聚对污染空间分布结构的塑造机制的研究。而目前关于城市群污染空间结构的文献只停留在实证描述阶段，对非均衡区域发展下的污染不平等现状缺乏指导意义。最后，虽然集聚影响环境污染的作用机制研究已经相对丰富，例如，集聚通过分摊生产固定成本、促进技术溢出、增强公众监督等途径影响污染物排放，但鲜有文献从城市群一体化和协同角度考虑集聚影响污染物排放的作用机制，也鲜有文献讨论作用机制在城市群中心、外围城市的异质性。

本章从理论和实证方面对现有文献的不足之处做了一定的补充。

第4章 城市群空间集聚影响环境污染的理论研究

4.1 城市群环境污染空间演化模型

4.1.1 城市群空间集聚影响污染物排放的理论模型

考虑一个多地区两部门两要素模型，假设城市群由 S 个城市构成，每个城市具有土地市场 A 和制造业 M 两个生产部门，其中制造业部门生产差异化产品，可以在地区间贸易，贸易时的运输成本采用引入的"冰山成本"形式（Samuelson，1952），制造业部门具有垄断竞争和规模报酬递增特征，土地市场由于生产的产品不可贸易，这里也把它称作不可贸易部门。

假设所有消费者具有相同的偏好，效用函数用柯布—道格拉斯（Cobb-Douglas）函数形式表示为

$$U = M^{\mu} A^{1-\mu} \tag{4.1}$$

式中，M 为可贸易产品和消费量；A 为土地产品的消费量；μ 为常数，代表可贸易产品的支出份额。M 定义为可贸易产品种类在连续空间上的子效用函数，

$m(i)$ 表示每种可贸易商品的消费量，n 表示商品种类范围。假定 M 符合不变替代弹性函数（CES）的形式，表示为

$$M_A = \left[\int_0^n m(i)^\rho \, \mathrm{d}i \right]^{1/\rho}, \quad 0 < \rho < 1 \tag{4.2}$$

式中，ρ 为消费者对可贸易商品的偏好，ρ 越大，产品的替代性越强，当 $\rho = 1$ 时，商品之间完全替代，当 ρ 接近 0 时，消费者对商品差异化种类的愿望越强。令 $\sigma = 1/(1-\rho)$ 表示两种产品间的替代弹性，其中 $\sigma > 1$。给定预算约束 Y 以及一组价格：土地价格 p_A 和可贸易商品价格 $p(i)$，在约束下求解消费者效用最大化问题。我们通过选择每个 $m(i)$，使得消费组合 M 成本最小，即通过计算支出最小化求解该问题。支出最小化问题得到的每个 $m(i)$ 为

$$m(i) = \frac{p(i)^{1/(\rho-1)}}{\int_0^n p(i)^{\rho/(\rho-1)} \mathrm{d}i^{1/\rho}} M \tag{4.3}$$

据此可推导得到可贸易商品 M 的最小支出为

$$\int_0^n p(i) m(i) \, \mathrm{d}i = \left[\int_0^n p(i)^{\rho/(\rho-1)} \mathrm{d}i \right]^{(\rho-1)/\rho} M \tag{4.4}$$

将式（4.4）与 M 相乘的那一项定义为定义价格指数，令

$$P_M = \left[\int_0^n p(i)^{\rho/(\rho-1)} \mathrm{d}i \right]^{(\rho-1)/\rho} = \left[\int_0^n p(i)^{1-\sigma} \mathrm{d}i \right]^{1/(1-\sigma)} \tag{4.5}$$

价格指数 P_M 是购买一单位 M 组合的最小成本。进一步结合预算收入，对两部门商品进行选择，得到

$$A = (1-\mu) Y / p_A \tag{4.6}$$

$$m(i) = \mu Y \frac{p(i)^{-\sigma}}{P_M^{-(\sigma-1)}}, \quad i \in [0, n] \tag{4.7}$$

当产品种类数 n 增加时，价格指数下降，反映了消费者对多样差异化商品的偏好，产品的替代弹性 σ 越小，价格指数下降越快。

将上述垄断竞争模型扩展到多地区模型，将城市群看作由有限区域组成，暂时假设有 S 个区位，每种商品只在一个地区生产，所有地区生产的产品是对称的，具有相同的生产技术和价格，用 p_s 表示城市 s 生产的产品的出厂价，由于地区之间存在贸易，运输过程具有"冰山成本"，即如果将城市 s 的 1 单位可贸易

商品运输到城市 t，最终只有 $1/\tau_{st}(\tau_{st}>1)$ 单位商品运送到城市 t。如果城市 s 生产的产品出厂价为 p_s，那么该商品贸易到城市 t 的价格（到岸价）为 $p_{st}=p_s\tau_{st}$。由于各个地区生产的产品不同，各个地区可贸易商品的价格指数有所区别，我们将城市 t 消费的产品的价格指数记为

$$G_t = \left[\sum_{t=1}^{S} n_s(p_s\tau_{st})^{1-\sigma}\right]^{1/(1-\sigma)}, \quad t = 1, 2, \cdots, S \tag{4.8}$$

由式（4.7）可知，城市 t 对城市 s 生产的产品的消费需求。我们将所有城市对该产品的消费需求加总，可以得到这种产品所有城市的需求量，表示为

$$q_s = \mu\sum_{t=1}^{S} Y_s(p_s\tau_{st})^{-\sigma}G_t^{\sigma-1}\tau_{st} \tag{4.9}$$

以上理论框架借鉴了迪克西特和斯蒂格里茨的垄断竞争模型（Dixit and Stiglitz, 1977），本章在该理论框架的基础上考虑了生产部门的污染情况。将污染看作城市在治理污染时额外投入的劳动力，且污染主要由制造业部门产生。假设制造业部门生产 1 单位商品时，需要投入固定劳动投入 F 和边际劳动投入 c，在此过程中，会产出对环境有害的副产品，该副产品量与产量成正比。假设污染会使土地部门的存量减少，制造业部门需额外投入 δ 单位的劳动进行污染治理。由此在给定城市 s 生产 q_s 产品需要劳动投入为 $F+(c+\delta)q_s$。我们认为技术进步可以降低固定投入和边际投入，同时也会降低治理的额外边际劳动。假设技术是内生的，主要与劳动要素的总量、劳动力之间的交流有关，设 $\varphi_s = \varphi_0 L_s^\omega L_{-s}^{\lambda\omega}$，其中 φ_0 为常数，ω 为交流水平，λ 为城市之间技术交流的摩擦程度。这说明 s 城市的技术水平不仅与 s 城市的劳动力总量以及城市内劳动力交流有关，还与城市群其他城市劳动力总量、城市间的劳动交流有关。

此外，土地市场部门以土地要素参与生产，假设该部门的边际产出为 1，土地部门市场价格 p_A 等于土地的租金 r。

假设城市群劳动力总量固定为 L，劳动力可以在地区间自由流动，可贸易商品的生产需要中间品投入，中间品来自其他城市生产的可贸易商品（李培鑫和张学良，2021），因此可获得城市 s 的生产成本函数为

$$TC_s = G_s^\alpha r_s^\beta w_s^\gamma \frac{1}{\varphi_s}[F+(c+\delta)q_s], \quad \alpha+\beta+\gamma = 1 \tag{4.10}$$

式中，r_s、w_s 为土地和劳动力要素的投入价格；G_s 为中间投入品的价格；其中 F/φ_s、c/φ_s、δ/φ_s 分别为经过技术改进后的劳动力固定投入、边际投入和边际额外治理投入；q_s 为可贸易品产量。

考虑城市 s 的利润函数为

$$\pi_s = p_s q_s - TC_s \tag{4.11}$$

由于制造业部门生产是垄断竞争的，所有厂商可选定各自产品价格，因此需求弹性为 σ，根据利润最大化原则可知对所有城市 s 生产的产品有

$$p_s = \frac{\sigma}{\sigma-1} G_s^\alpha r_s^\beta w_s^\gamma \frac{1}{\varphi_s}(c+\delta) \tag{4.12}$$

由于厂商可以自由进入和退出，因此在均衡时，厂商利润为 0，均衡产出为

$$q_s^* = F(\sigma-1)/(c+\delta) \tag{4.13}$$

市场出清时，需求函数式（4.9）可以表达为

$$F(\sigma-1)(c+\delta)^{\sigma-1}\left[\frac{\sigma}{\sigma-1}r_s^\beta w_s^\gamma \frac{1}{\varphi_0 L_s^\omega L_{-s}^{\lambda\omega}}\right]^\sigma = MA_s SA_s^{-\alpha\sigma} \tag{4.14}$$

$$MA_s = \mu \sum_{t=1}^S Y_s \tau_{st}^{1-\sigma} G_t^{\sigma-1} \tag{4.15}$$

$$SA_s = G_s = \left[\sum_{t=1}^S n_s (p_s \tau_{st})^{1-\sigma}\right]^{1/(1-\sigma)} \tag{4.16}$$

式中，MA_s 反映了城市 s 受到整个城市群的市场需求规模，SA_s 反映的是城市 s 面对的其他城市供应的中间品的成本。

本章给出了一个城市群生产活动和污染物排放的空间理论框架，将污染视作制造业的副产品，通过额外的治污劳动要素投入进入城市群生产模型中。模型考虑了城市群空间集聚带来的上下游产出关联和知识溢出外部性，体现了城市群内城市互动、联系的空间关系。从污染角度来看，模型中污染主要从制造业生产活动产生，污染与制造业商品产量具有正相关关系。一方面，制造品需求来自整个城市群，城市群集聚扩大了制造品的需求市场，根据本地市场效应，制造业部门的增长速度要快于需求市场的增长速度，制造业部门吸引了更多的劳动力进入，在增加商品产量的同时也加快了污染的制造，形成污染物排放的规模效应。另一方面，城市群在集聚的过程中，城市群劳动力总量增加，劳动力之间的知识交流

和技术溢出作用辐射到城市群的每个城市，使每个城市的技术水平 φ_s 提高，进而促进污染的治理边际成本 δ/φ_s 降低，在污染的治理端形成一个集聚外部性效应。此外，污染的治理存在规模效应，随着污染（商品产量）的增加，需要投入的额外治污边际劳动减少，即 $\partial\delta/\partial q_s < 0$。制造品价格减少，城市群居民的财富增加。

当城市群逐渐成为城镇体系发展的新形态时，城市群规划、政策越来越详细，必然会对城市群的环境质量产生一定的影响，可能是正面影响，也可能是负面影响。城市群经济集聚效应既有可能形成污染的集中排放，极大破坏地区生态土壤、水质、空气环境，造成极高的经济损失；又有可能降低重复建设、提高集中治理规模、加强公众监督等。此外，生产技术在较小的区域高密度的往来交流中迅速传递、溢出，产生外部性效应，绿色理念和环保意识也依托城市群生成的超级城市而不断演变扩散，抑制污染物排放。

中国城市群的发展情况具有较大差异，不同发展程度下的城市群集聚对污染物排放的影响可能是相反的。沿海城市和内陆城市群由于自然禀赋和交通区位的不同，城市群的发育程度不同，对城市群环境污染具有不同的影响，经济集聚仍处于较低规模，地方竞争促使地方政府容许工业进行低质生产，并凭借较低的环境规制水平吸引污染企业进入，形成"污染天堂"，经济集聚的外部效应很难形成环境正面效应。而在城市群发育成熟时期，经济集聚规模达到一定程度，污染的集中治理形成规模，遏制了污染的排放。此外，经济集聚带来的知识溢出效应、环保意识和公众舆论都有效推动产业绿色转型，降低污染物排放。

基于以上分析，本章提出了假说 1.1：城市群空间集聚会影响地区环境污染物排放，既有加剧作用，又有减排作用，城市群空间集聚对污染物排放影响的正负取决于这两种作用的大小。

4.1.2　城市群空间集聚影响污染物分布的理论模型

早在 1966 年，弗里德曼在《区域发展政策》中就提出了核心—边缘理论，他认为区域的发展是不平衡的，总会出现某些先发展起来的"核心地区"，而其余地区相对"落后"，被视为"边缘地区"，通常来说核心地区由于发达的关系，吸引了整个区域的资源和要素，逐渐发展成城市经济集聚地区，由于掌握了市场份额和技术工人，核心区域可以支配边缘地区的经济发展，边缘地区的经济发展则依附核心地区。克鲁格曼的新经济地理学中也提到了中心—外围的区域模式，当经济体内只有两个部门（制造业部门和农业部门），农业部门完全竞争且生产同质产品，而制造业部门垄断竞争，生产差异化产品，并具有收益递增的特征。若农产品无运输成本，制造业产品有"冰山成本"，则经济会逐渐演化成中心—外围模式，制造业将在中心区位集中，农业则分散在外围。克鲁格曼的中心—外围区位模式给出了产业在地理位置上的分工结果。城市群的发展也存在典型的中心—外围结构，城市群一般具有一个或几个核心城市，大量中小型城市围绕着核心城市的经济活动开展生产活动。污染作为生产活动的副产品，随着生产活动在城市间聚集、分散，在地理空间上形成类似的分布情况。本节就以污染物为主要研究对象，考察污染物在城市群地理空间上的分布特征。

参考 Copeland 和 Taylor（1994）给出的南北环境污染模型框架，搭建中心城市和外围城市的污染空间模型。建立一个两地区模型，两地区为中心城市 C 和外围城市 P，外围城市变量用 $*$ 表示。假设模型中只有一个生产部门，产品在 $0\sim 1$ 内连续分布，即 $z\in[0,1]$，污染是生产中的副产品，污染水平依据生产技术来定。假定只有劳动力一种投入，商品 z 的产出量 y 是污染 d 和有效劳动投入 l 的函数，表示为

$$y(d,l;z)=\begin{cases}l^{1-\alpha(z)}d^{\alpha(z)}, & d\leqslant\lambda l\\ 0, & d>\lambda l\end{cases} \tag{4.17}$$

式中，$\lambda>0$、$\alpha(z)$ 为随产品变化的参数，生产技术会通过影响 $\alpha(z)$ 来决定产品 z 的等产量线。假定 $\alpha(z)\in[\underline{\alpha},\overline{\alpha}]$，$\underline{\alpha}<\overline{\alpha}<1$。

图 4-1 中给出了两个产品 z'' 和 z' 的等产量线，其中生产 z'' 产品会产生更多污染。在这个设定中，企业通过一组连续的生产技术生产产品，每种技术产生不同程度的污染，等产量线向下或向右移动，企业采用更清洁的生产技术。假定企业采用清洁的技术需要花费更多的劳动力，因此污染也可以算作一种投入。由于产量必须大于给定的劳动投入，因此高于 $d=\lambda l$ 线的点是不可行的投入组合。

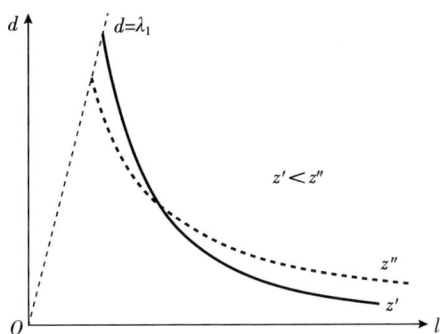

图 4-1　产品 z'' 和 z' 的等产量线

如果政府不进行环境监管，企业没有减轻污染的动力，最终选择 $d=\lambda l$ 线上的生产组合。如果政府进行环境监管，企业将会选择内点解，进行至少一种减排行动。假定存在污染税 τ，用 w_e 表示单位劳动回报，企业成本最小的生产组合为

$$\frac{w_e}{\tau} = \frac{1-\alpha(z)}{\alpha(z)}\frac{d}{l} \tag{4.18}$$

污染费用在生产商品 z 的成本中所占的份额总是 $\alpha(z)$。我们根据增加的污染强度来对商品进行排序，得到 $\alpha'(z)>0$。因此在图 4-1 中，如果 $z''>z'$，则商品 z'' 的等产量线更平坦，且如果有从原点经过的射线与等产量线相交，商品 z'' 的污染比 z' 更强。

假定中心、外围城市的区别只有人力资本更高这一项。中心城市的每个工人都有人力资本效用 $A(h)$，h 是人力资本水平，$A'>0$。外围城市的人力资本水平为 $h^*<h$。假定，两个地区的劳动力是相同的，则中心城市有效劳动力为 $A(h)L$，外围城市的有效劳动力是 $A(h^*)L$。中心—外围城市的消费者具有相同的效用函数，效用函数为

$$U = \int_0^1 b(z)\ln[x(z)]\mathrm{d}z - \frac{\beta(L,\rho)D^\gamma}{\gamma} \tag{4.19}$$

式中，$x(z)$ 为商品 z 的消耗量；$b(z)$ 为预算中商品 z 的份额，$\int_0^1 b(z)\mathrm{d}z = 1$；$\beta(L,\rho)D^\gamma/\gamma$ 为污染的影响，其中 D 为总污染量，ρ 为人口密度，$\gamma\geq1$，γ 为降污的边际意愿。因为对于一个地区的居民而言，受到自身产出的污染和人

口密度的两重影响，当人口密度较低时，居民只受到自己产出的污染的影响，当人口密度高时，居民将受到他人污染的影响，因此 $\alpha\beta/\alpha\varphi>0$。考虑人口密度不变，污染产出不变，人口规模增加，这种情况居民受到的污染伤害降低，因此 $\partial\beta/\partial L<0$。

假定两个城市具有相同规模和人口密度，仅存在人力资本禀赋差异。在污染税外生，且假定中心和外围城市有污染税 τ 和 τ^*，$\tau>\tau^*$（因为中心城市的收入更高，对居住环境的追求更高）时。单位生产成本函数为

$$c(w,\ \tau;\ h,\ z)=\kappa(z)\tau^{\alpha(z)}\left[w/A(h)\right]^{1-\alpha(z)} \tag{4.20}$$

式中，$\kappa(z)\equiv\alpha^{-\alpha}(1-\alpha)^{-(1-\alpha)}$ 为一个商品特定常量；w 为初始劳动力（未经过人力资本积累的劳动力）工资。如果 $c(w,\ \tau;\ h,\ z)\leqslant c(w^*,\ \tau^*;\ h^*,\ z^*)$，则商品 z 的生产将集中在中心城市，得到

$$\omega=\frac{w}{w^*}\leqslant\frac{A}{A^*}\left(\frac{\tau^*}{\tau}\right)^{\frac{\alpha(z)}{1-\alpha(z)}}\equiv T(z) \tag{4.21}$$

相反，如果 $\omega\geqslant T(z)$，将会在外围城市生产。由于 $\tau>\tau^*$ 和 $\alpha'(z)>0$，T 是 z 的减函数，因为中心城市较高的污染税，生产 z 的成本优势随商品的污染程度增加而降低。

对给定任一相对工资率，$T(z)$ 轨迹决定行业 $\bar{z}(\omega)$，商品 $[0,\ \bar{z})$ 区间内的产品在中心城市生产成本较低，而区间 $(\bar{z},\ 1]$ 内的产品在外围城市生产成本较低，即污染强度高的产品在外围城市生产，污染强度低的产品在中心城市生产。

基于以上分析，本章提出了假说1.2：城市群空间集聚促使污染在城市群内形成中心—外围的空间分布。

4.2　城市群空间集聚影响环境污染的作用机制

4.2.1　城市群空间集聚影响污染物排放的作用机制

从微观机理来看，有研究表明，经济集聚对污染物排放有负面影响也有正面

影响（刘习平和宋德勇，2013；原毅军和谢荣辉，2015）。首先，经济集聚表现为企业生产扩张和企业串联成群。企业生产扩张会导致能源的成倍消耗，形成污染物排放的规模效应；而企业串联成群，会促使污染在空间上集中排放，超过一定阈值后，将对一地的生态环境造成不可挽回的经济损失。此外，企业集聚过程中，为争取外部投资，可能存在环境逐底竞争的倾向，抑制周边城市绿色生产技术提升（黄磊和吴传清，2019）。

然而，生产扩张也会提高企业自组织性、管理效率和资源配置效率，从而降低企业边际生产成本和环境负担；企业聚集则通过技术溢出、治理端的规模经济、专业化分工和集中监管等途径推动企业污染减排（张可和豆建民，2015）。陆铭和冯皓（2014）指出，如果将污染物质视为一种生产成本，人口和生产活动的聚集会降低重复建设带来的固定污染成本。此外，工厂聚集摊派了治污设施、厂房等固定投资的建造成本，形成集中排污集中治理的高效模式。公众和政府监督也在一定程度上具有规模效应，当污染集中排放时监督的边际成本更低。

从城市群角度来看，增长极理论认为城市群生产活动总是不均匀分布的，生产活动跨边界跨区域聚集，在更大的地理空间尺度上形成分工和协作，将资源要素配置到效率最高的区域。Meijer 和 Burger（2017）指出城市间彼此联系相互作用，在城市网络中通过"规模借用"获取与自身规模不等同的更大的外部性。劳动力跨区域流动、中间投入品市场共享不断加深城市群的经济联合，进而在更大范围内形成外部经济效应。城市群尺度下的空间集聚和区域分工主要通过以下三种作用机制影响城市群环境污染总量。

（1）技术溢出。随着城市群内部经济联系和资源共享程度加深，技术创新和发展在不同城市之间迅速传播和应用（方创琳等，2005；赵勇和白永秀，2012；刘叶和刘伯凡，2016）。城市群集聚可以通过人才流动、资源共享、贸易和投资三个方面加深技术溢出效应。第一，城市群中的各个城市之间人才流动频繁，使高科技产业的人才能够更容易地在不同城市之间分享技术和经验（刘凤朝等，2017）。第二，城市群中的各个城市可以共享资源，如研究设施、人才培训机构和技术支持服务，这使城市群中的各个城市都能够更有效地利用资源，并在技术创新方面受益（王艳华等，2019）。第三，城市群中的各个城市之间贸易和投资往来频繁，这使得技术创新和发展能够在不同城市之间传递。此外，投资和贸易还可以促进城市群中不同城市的经济发展，从而进一步加强技术的溢出效应（李梅和柳士昌，2012）。这种知识溢出的增长不是线性的，而是呈指数级增长，随着城市群规模的扩大和活力的增强而不断裂变。

此外，知识溢出也包含观念和生活价值的传播和裂变。在人口密度高的超级城市中，由于人们生活和工作在更加紧密的空间范围内，环保观念的传播和裂变更加容易（余奕杉和卫平，2021）。随着城市群其他城市和超级城市的交流联络，这种认识在城市群中得到了更广泛地传播和接受，环保观念成为城市群中的一种新生活价值观，推动城市群向绿色低碳发展。

（2）产业结构优化。首先，随着城市群的城镇化和工业现代化进程的推进，城市群内部的空间分工进一步加深（赵勇和白永秀，2012；席强敏和李国平，2015）。这种空间分工的发展趋势，导致服务业专业化和劳动分工细化程度的提高。在这样的背景下，生产性服务业与制造业形成了多样化产业集群，生产性服务业包围着制造业专业化集聚，同时专业化服务替代制造业的部分中间服务。这种空间分工与服务专业化、制造专业化的加深相互促进，降低了生产和交易成本，推动制造业向精细化生产转变，改善了粗犷式、能源低效式的生产模式，对环境污染的减排也起了积极作用（肖远飞和周萍萍，2021）。

其次，城市群依托更大的市场规模，更容易孕育出超级城市，如北京、上海。由于规模优势，超级城市更容易成为新兴技术产业的发展地（汪明峰和宁越敏，2006），并推动所在城市群产业从传统的资源密集型工业向知识密集型工业转变。以北京为例，作为全国的科技创新中心之一，北京在高技术产业和知识密集型服务业方面具有优势。例如，北京的中关村科技园区是中国领先的高科技创新基地之一，集聚了大量的高科技企业、科研机构和人才，涵盖了信息技术、生命科学、环保等多个领域。北京还拥有多家知名高校，这些高校在科研和人才培养方面具有举足轻重的地位，也为北京的知识密集型产业提供了人才支撑。作为京津冀的中心城市，北京市的知识密集型产业和高技术产业的发展对推动京津冀城市群向知识密集型和绿色低碳发展具有重要的带动作用。

最后，由于城市群内部的多样化产业集群和绿色产业之间存在协同和互补的关系，多样化产业集群的规模和产业分工的加深，对绿色产业的发展起到积极的推动作用（李健等，2021）。因此，城市群产业结构优化也是城市群空间集聚的一种重要机制，能够促进城市群的经济高质量发展。

（3）污染协同治理。城市群中的污染治理通常需要采取协同治理的方式，因为污染往往会跨越城市群的边界影响到其他城市。目前一些大城市群，如京津冀、长三角和珠三角，已经建立了区域大气联合治理小组，采取联合行动来对大气污染进行治理。其他城市群则通过空间分工和联合行动形成了一定程度的治理默契，产生了类似协同治理的效果。

协同治理的外部性可以降低整个城市群的污染水平，并有效地改善"边界污染"和"公地悲剧"的问题（于红等，2022）。在城市群中，污染协同治理也是空间集聚的作用机制之一，促进了城市群的可持续发展和环境保护。

基于以上分析，本章提出假说 2.1：城市群空间集聚主要通过技术溢出、产业结构优化、污染协同治理三种作用机制影响城市群污染物排放。

4.2.2　城市群空间集聚影响污染物分布的作用机制

经济活动在区域间的发展不平衡，通常会倾向于集聚在某个特定区域。韦伯在《工业区位论》中指出，制造业和工业生产活动与所处的区域密切相关，这些因素被称为"区域性因素"，而导致经济活动集中于某个地方的因素被称为"集聚因素"。生产活动往往会趋向于靠近原材料和最终消费地，而劳动力成本的差异也会调整生产活动的集中地。在这两种区域性因素的作用下，生产活动最终会在某个特定区域落地生根。区位理论主要研究了制造业如何选择区位的问题，而马歇尔的外部经济学理论探讨了企业集聚的微观基础。集聚能够形成劳动力市场共享，为企业寻找匹配的技能劳动力提供便利；同时，集聚还能降低生产商的搜寻和运输成本，增加中间品和最终产品供应商之间的联系，有利于信息的传递和交流，促进工人学习新技术，从而形成知识外溢。勒施提出的中心地区理论则认为，由于规模经济的限制和运输成本的影响，生产和消费活动不能均匀地分布，而是会集中于一个中心地区，为周边地区提供服务，这个理论也适用于大都市的商业区。弗里德曼的核心—边缘理论则认为，总会有一些先发展起来的"核心地区"，带领周边地区共同发展。在经济个体为追求规模效应和最小成本而在某个区域内集聚的过程中，生产的副产品污染也会向这个区域聚集，通常表现为中心地区或者发达的核心地区，在城市群中则表现为中心城市。

克鲁格曼的新经济地理学理论提供了一个生产活动中心与外围的框架。在这个框架中，农业部门完全竞争，生产同质的单一商品；而制造业部门是垄断竞争，生产差异化的商品，其生产活动具有收益递增的特征。这两个部门只使用一种资源投入——劳动力。农产品没有运输成本，而制造业产品存在"冰山成本"。因此，经济体将逐渐演化成中心和外围的格局，即制造业向中心聚集，农业向外围聚集。在这个理论下，制造业部门在中心地区进行商品生产和污染制造，污染在中心地区的排放高于主要从事农产品生产的外围地区。许多历史事实都证明了这个观点。例如，伦敦是最早的工业城市之一，在经过100多年的工业发展后，伦敦在经济繁荣腾飞的同时也面临着城市污染严重的问题，特别是中心城区，城区破败、环境恶劣，中产阶级纷纷离开伦敦内城，向郊区迁移。

弗里德曼的核心—边缘理论指出，随着工业社会的发展，产业开始在地域空间内重新分工，核心地区开始逐渐发展现代服务业来替代制造业。Jacobs（1969）认为在这个过程中，城市体系将基于城市等级分化，少数大城市会生产多样化产品，形成多样化产业结构，这些城市因为具有多样性工业基础经济增长更快。外围地区的城市将吸收中心外迁的制造业，并在外围城市形成专业化生产。Hender等（1995）认为专业化（地方化）外部性对传统工业产业城市增长更重要，而雅各布斯外部性（多样化）在高新技术产业中更加重要。这一城市体系发展变化改变了产业、人口、劳动收入的空间布局，并对环境污染空间结构产生了相应的影响，主要从以下三个方面起作用。

（1）产业布局。根据Vukina（1999）的观点，在后工业时代，产业结构从能源密集型工业向知识密集型工业和现代服务业的方向转变。此转变首先在中心城市发生，其制造业开始向外围地区外迁，而知识密集型产业和现代服务业逐渐成为中心城市的主要产业（范剑勇，2004）。在这个转变的过程中，中心城市和外围城市之间产生了紧密互动的关系。例如，中心城市的现代服务业可以为外围制造业提供服务，其高科技企业和研发机构可以为外围制造业的生产活动提供产品开发指导，其产业转型和发展可以带动周边地区的产业升级和转型；而外围城市的发展也可以为中心城市提供更多的劳动力和资源支持（国家发展改革委国地所课题组和肖金成，2009；张冀新，2009）。城市群空间集聚或者城市群化加快了城市间产业迁移和结构调整。在这一过程中，随着制造业向外围地区外迁，污染也随之向外扩散，中心城市只剩下污染较少的服务业和新兴技术行业，由此污染则形成了外围—中心的结构。

例如，中国的珠三角地区是制造业集中的地区，以广东省深圳市、广州市、东莞市、珠海市、佛山市等为代表，这些城市拥有丰富的劳动力和先进的生产设备，成为中国乃至全球制造业的重要基地。然而，随着制造业的迅速发展和城市群集聚，许多制造企业开始将生产工厂和设备转移到珠三角地区外的其他地区，以减少劳动力成本和环境成本。这种制造业向外迁移的现象导致了珠三角地区的污染物排放量有所减少，但同时也造成了污染物向外围地区扩散的情况。例如，珠三角周边的江门市、肇庆市等地也出现了环境污染问题。

（2）人力资本分化。随着城市间规模差距的不断扩大，技能劳动力也开始呈现出分化的趋势（踪家峰和周亮，2015；向书坚等，2022）。根据城市体系理论的观点，规模较大的城市更容易吸引多样化的高技能劳动力，因为这些城市通常拥有更丰富的就业机会和更广泛的社会资源，从而推动城市的劳动力人口素质提升。相比之下，规模较小的城市则往往更加专业化，聚集了一些拥有特殊技能的劳动力（梁文泉和陆铭，2015）。这些城市可能无法提供像大城市那样的广泛就业机会和丰富的社会资源，但它们通过专业化劳动力的聚集来保持竞争力。

在城市化进程中，规模较大的城市因为具有更多的优势，吸引了越来越多的高素质劳动力（梁文泉和陆铭，2015）。这些劳动力的到来不仅提高了城市的劳动率，而且对降低城市的污染物排放起了一定作用（陆旸，2009）。这是因为这些高素质劳动力通常会更加重视环境保护和可持续发展，他们的到来将会促进城市对环境问题的重视和对环境治理的改进。另外，这些城市的技能劳动力分化也导致了污染物排放在中心城市和外围城市之间的差异化分布，使城市间的环境质量差距变得更加明显。

（3）环境规制极差。随着中心城市居民收入的提高，居民对居住环境的要求也相应提高（张志彬，2019；房宏琳和杨思莹，2021；武云亮等，2021）。中心城市为了满足居民的环保要求，开始加强环境规制，提高排污标准和环境监管。然而，由于外围城市的环保标准和监管能力不如中心城市，中心城市和外围城市之间形成了环境规制极差的情况。这种环境规制极差导致一些污染企业向外围城市迁移。

中心—外围理论也指出，生产活动在中心地区的集聚将推高中心市场要素价格，其中排污权也可以视为一种生产要素。因此，中心城市的排污权要素价格更贵，工业企业会逐渐外移到要素价格较低的外围城市。徐志伟等（2020）的研究证明，在环北京经济圈，北京较高的环境规制强度使一些污染企业逐渐向北京行政区外50千米内的环状带中迁移，形成了一圈"灰边"。

基于以上分析，本章提出了假说2.2：城市群空间集聚主要通过产业布局、人力资本分化和环境规制极差三个渠道，促使城市群污染形成中心—外围的空间分布。

4.3 本章小结

本章基于 Dixit 和 Stiglitz（1977）的垄断竞争模型以及 Copeland 和 Taylor（1994）的南北竞争模型，构建了一个多地区两部门城市群生产—排污空间分析框架。该框架旨在分析城市群内部的生产互动及污染治理。通过这一框架，本章提出了以下几个理论假说：

首先，假说1.1提出，城市群空间集聚会对地区环境污染物排放产生影响，既可能加剧污染，也可能起到减排作用。具体影响的正负效应取决于加剧作用和减排作用的相对大小。假说1.2认为，城市群空间集聚会促使污染在城市群内形成中心—外围的空间分布，即污染物排放呈现空间集中趋势。

其次，假说2.1进一步探讨了城市群空间集聚的机制，认为其主要通过技术溢出、产业结构优化和污染协同治理三种机制影响污染物排放水平。假说 2.2 则指出，城市群空间集聚通过产业布局、人力资本分化及环境规制极差等渠道，推动污染形成中心—外围的空间分布。

本章的分析框架为后续的实证研究提供了理论基础，并为城市群的环境治理政策提供了重要的参考视角。

第 5 章　城市群空间集聚影响污染物排放的实证研究

城市群空间集聚会对地区资源环境和污染物排放产生一定的影响，有的观点认为集聚会加剧污染物排放，而有的观点则认为集聚会发挥集聚外部性，通过一些作用途径降低地区的污染物排放。第 4 章的理论研究证明，这两种影响均存在，具体取决于哪种效应更大。为了验证假说 1.1，本章从实证方面进行了研究。

5.1　计量模型的数据来源与变量说明

城市群经济集聚不仅会对区域内的生产活动分布、劳动分工、新产品研发等活动产生影响，而且由于生产过程产生的副产品，环境也会受到影响，并在城市群的区域空间中形成独特的分布。城市群内的污染具有一定的规模和特殊的空间结构。为了定量分析城市群经济集聚对污染物分布的影响，在进行模型选定后，本章最终采用固定效应模型（FEM）进行计量分析。

固定效应模型是一种面板数据分析方法，主要分为个体固定效应模型、时间固定效应模型和时点个体固定效应模型。个体固定效应模型是对不同时间序列只有截距项不同的模型，个体固定效应承认不同时间序列具有个体特征，应该由个体效应体现个体特征。时间固定效应模型是对不同的截面具有不同截距项的模型，时间固定效应认为不同时点的截面具有时点特征，应该由时点固定效应固定。时点个体固定效应认为不同时间序列、不同时点截面均具有个体特征，应该用不同的截面进行体现。在面板数据线性回归中，固定效应回归模型是常用的计量分析方法。采用固定效应模型可以有效解决不随时间变化但随个体变化、不随个体变化但随时间变化的遗漏变量问题。

5.1.1 计量模型

城市群经济集聚过程中最直观的表现是城市群人口规模总量的扩张，不仅表现在自身规模扩张，还表现在群内其他城市人口规模扩张带来的需求效应。我们使用 Alonso（1973）的"借用规模"的概念来表示城市加入城市群后获得的外部规模红利，后文将这种由城市群集聚带来的外部红利统一称为"城市群外部规模"。

为了准确捕捉城市群空间集聚的本地规模扩张红利和外部规模扩张红利对环境造成的影响，我们还需要考虑其他可能影响环境的因素，如城市群的环境政策。自党的十八大召开以来，生态环境建设的重要性不断提高，环境规制强度也得到了加强。2014 年修订的《环境保护法》被誉为史上最严格的环境法规，成为环境政策的重要标志。在这种环保压力下，中国的环境污染物排放总量大幅下降。为了排除环境政策对环境的影响，我们需要控制这些政策。

城市群经济一体化政策的实施促进了区域经济融合，同时也加深了城市之间的利益竞争。在城市群规划文件中，城市群的行政范围包含多层级的行政区域，既有地级市、县级市，也有直辖市。由于地级市、县级市分属省级或地级行政区，这造成了城市群行政范围与内部城市实际所属的行政管理区域不一致，内部城市既受到上级行政区域的管理，又受到城市群规划政策的影响，这种松散的行政结构导致了城市群城市在利益相悖的情况下出现地方竞争。在环境污染方面，这种竞争表现为城市之间污染物排放的"以邻为壑"，例如，将污染企业设置在与邻市相接的边界处，以尽量减少对本地区的影响。此外，一些地区更倾向于将企业设置在流域的下游行政边界处，这样污染可以不经过本地区而直接排放到下一片区域中。为了解决这些问题，政府采取了垂直型的环境治理结构，如 2016 年中共中央办公厅、国务院办公厅印发的《关于全面推行河长制的意见》，就提到"协调统筹河流上下游、左右岸的水污染防治"的战略目标。为了排除内部竞争的影响，我们也需要考虑控制城市群内部的地方竞争。

在充分考虑之后，我们建立城市群空间集聚和污染物排放强度的模型，将城市群集聚分别用本地集聚规模和外部集聚规模表示，并加入环境政策、内部竞争等控制变量。计量模型为

$$Pol_{ict} = \alpha_0 + \beta_1 isize_{ict} + \beta_2 esize_{ict} + \gamma control_{ict} + \mu_c + \theta_i + \kappa_t + \varepsilon_{it} \tag{5.1}$$

式中，c 为城市群；i 为城市群内包含的地级市；Pol_{ict} 为地级市 i 在 t 年的工业污染地均排放强度，其中区分水污染物排放强度、大气污染物排放强度；$isize_{ict}$ 为地级市 i 的本地人口规模；$esize_{it}$ 为地级市 i 在其所属城市群 c 内获得的借用规模（外部集聚规模）；$control_{ict}$ 为其他对污染物排放的影响因素，其中包括地区环境规制水平、能源结构、科技投入、城市群内部竞争等；本章不仅控制了城市群固定效应（μ_c）、城市固定效应（θ_i），还控制了时间固定效应（κ_t）；ε_{it} 为随机扰动项。

在选择模型前，我们进行了 F 检验、LM 检验（p 值均为 0.00）和 Hausman 检验（p 值为 0.00），结果显示，应选择加入个体和时间固定效应的双向固定效应模型。

5.1.2　数据来源与变量说明

本章的主要数据来源是《中国城市统计年鉴》、《中国区域统计年鉴》、《中国环境统计年鉴》、各省区市的统计年鉴和统计公报以及 CEAD 碳排放数据库。考虑到数据可获得性和时效性，本章采用 2010—2020 年 7 个城市群 132 个地级市数据作为样本进行实证研究。其中，城市群地理范围按照国务院最新发展规划确定，如缺乏国务院审批的城市群发展规划，则以过去研究中最常使用的地理范围为划定依据。具体城市群地级市范围以第 4 章 4.2 节给出的范围为准。部分年份的缺失数据根据历年变动情况进行填补。

（1）被解释变量。①水污染强度（$waterw_{ict}$）根据第二次全国污染源普查公告，工业污染源占全部污染源总数的约七成，是首要污染源头。因此，我们采用工业污染物排放量作为城市污染的代理。对于城市水污染情况，这里采用工业废水排放量单位排放强度作为水污染强度的衡量指标。该指标通过《中国城市统计年鉴》中公布的各个城市工业废水排放量除以城市年鉴中公布的城市工业产出得到。考虑数据的连续性和可得性，我们舍弃使用 2017 年后很少公布的工业总产出指标，而采用工业财务指标中的工业营业收入额作为工业产出的指标。②大气污染强度（so_{2ict}）。二氧化硫（SO_2）是大气气体中的主要污染物，许多工业过程中会产生二氧化硫，溶于水则会形成酸雨，是全国污染源普查报告中主要污染物之一，这里采用二氧化硫单位排放强度作为工业大气污染的指标，具体而言，该指标通过《中国城市统计年鉴》公布的各个城市的工业二氧化硫排放量除以城市的工业营业收入得到。

（2）核心解释变量。①本地城市规模（$isize_{ict}$）。地级市污染水平受到本地城市规模的影响。本书采用常住人口规模代表城市的人口、经济活动规模。②城市群外部规模（$esize_{ict}$）。本章采用"借用规模"的概念表示控制城市本土规模后，其所在的城市群的外部规模红利。外部规模并不是简单的加总，还应该考虑到外部规模效应的距离衰减性，参考刘修岩和陈子扬（2017）的方法以城市间距离的倒数为外部城市规模的权重，得到城市群的外部集聚规模为

$$esize_{ict} = \sum_{j \in c,\, j \neq i} \frac{size_j}{d_{ij}} \tag{5.2}$$

式中，j 为城市群 c 内除 i 外的城市；$size_j$ 为对应的城市规模；d_{ij} 为两个城市的空间距离，这里采用百度地图给出的两个城市的经纬度计算城市间直线距离。城市规模以常住人口衡量，数据来源为地方统计年鉴和城市统计年鉴。

由于该变量是外部城市的人口规模加总，该变量对本城市的污染物排放不具有内生性。

（3）控制变量。①城市群内部竞争（$compete_{ict}$）。地方政府一般通过增加财政支出进行经济干预。这里借鉴傅勇和张晏（2007）的指标组成，采用各城市财政支出占城市群总财政支出的比重衡量城市群内部竞争，财政支出竞争反映了城

市地方政府在城市群内的竞争程度。②地方环境规制（$regu_{ict}$）。环境规制一直是污染防治的重要工具，从城市群环境污染现状来看，自党的十八大召开以来，政府高度重视污染防治和生态环境保护，制定了一系列全国性的污染防治政策条例，在党中央和地方政府的重视下，环境污染得到了极大控制，2010—2017年城市群工业废水污染排放平均下降45.0%，2010—2020年工业二氧化硫污染排放平均下降89.3%，这些成果与政府的环境治理投资密不可分。由于缺乏城市层面环境治理投资数据，我们采用省级环境治理投资额占第二产业增加值的比重作为地方环境规制水平指标。③中央环境规制水平（$cregu_t$）。除地方环境治理投入外，环境污染防治举措也与全国性的政策出台有关。国务院公布的《政府工作报告》回顾了前一年的政府工作情况，在一定程度上代表了中央每年的政策动向。我们采用《政府工作报告》中关于"污染"的关键词出现次数占报告总字数的比重来衡量当年环境规制的整体水平。④人均地区生产总值（$rgdp_{ict}$）。人均地区生产总值代表了去除人口规模后的地方经济增加值，也代表了地方经济单位产出情况，与地方的环境污染物排放具有相关性。⑤产业结构（$ind_{ict}/serv_{ict}$）。工业污染是城市污染的主要来源，工业尤其是重工业比重较大的地方污染情况普遍较为严重，如河北廊坊、唐山等以煤炭、钢铁、化工等重型工业为主要产业的地方。这里我们采用第二产业和第三产业产出增加值占GDP的比重分别考察城市产业结构对污染的影响。⑥外商投资（fdi_{ict}）。外商和环境污染的关系一直备受学术界的关注，部分学者认为外商将国外已淘汰的、污染型的产品、粗制的生产技术引进中国，形成实质上的"污染天堂"（夏友富，1999；杨海生，2005）；但也有人指出，外商投资将先进的生产设备、绿色技术溢出到中国，最终实现了生产技术的更替，加快了地方绿色生产。这里采用城市外商直接投资实际使用额占GDP的比重作为对外开放度的指标。⑦科技水平（$tech_{ict}$）。地方科技水平决定了生产的清洁化程度，决定了地方的工业污染物排放水平，科学技术水平与污染存在负向关系。这里我们采用了科技财政支出占GDP的比重测度地方科技水平。⑧能源使用（$gas_{ict}/elec_{ict}$）。能源消耗情况和能源结构影响地方环境污染物排放。这里采用地方人均用电量、人均煤气用量代理。变量汇总如表5-1所示。

表 5-1　变量汇总

变量名称	符号	变量定义	资料来源
水污染强度	$waterw_{ict}$	工业废水排放量/工业营业收入	《中国城市统计年鉴》、地方统计年鉴
大气污染强度	$so2_{ict}$	工业二氧化硫排放量/工业营业收入	
本地城市规模	$isize_{ict}$	城市常住人口数	
城市群外部规模	$esize_{ict}$	城市群其他城市常住人口规模的加权平均，权重为城市到其他城市的地理距离的倒数	
城市群内部竞争	$compete_{ict}$	各城市财政支出占城市群内总财政支出的比重	
地方环境规制	$regu_{ict}$	省级环境治理投资额占第二产业增加值的比重	《中国环境统计年鉴》
中央环境规制水平	$cregu_t$	《政府工作报告》中"污染"关键词出现次数占报告总字数的比重	国务院《政府工作报告》
人均地区生产总值	$rgdp_{ict}$	地方人均GDP	《中国城市统计年鉴》、地方统计年鉴
产业结构	$ind_{it}/serv_{it}$	第二产业产出增加值占GDP的比重；第三产业产出增加值占GDP的比重	
外商投资	fdi_{ict}	外商直接投资实际使用额占GDP的比重	
科技水平	$tech_{ict}$	科技财政支出占GDP的比重	
能源使用	$elec_{ict}/gas_{ict}$	地方人均用电量、人均煤气用量	

这里给出主要变量的描述性统计，如表 5-2 所示。

表 5-2　主要变量描述性统计

变量	样本数	均值	标准差	最小值	最大值
ln$waterw$	1452	-8.692	0.738	-11.112	-6.549
ln$so2$	1452	-9.470	1.405	-17.317	-5.431
ln$isize$	1452	8.441	0.654	6.565	10.376
ln$esize$	1452	6.505	0.434	4.940	7.386
$compete$	1452	0.053	0.071	0.006	0.468
ln$regu$	1452	4.982	0.925	0.918	7.291
ln$cregu$	1452	-7.693	0.484	-8.951	-7.156

变量	样本数	均值	标准差	最小值	最大值
$lnrgdp_{ict}$	1452	-3.405	0.569	-4.689	-1.719
$lnind$	1452	-0.760	0.204	-1.843	-0.291
$lnserv$	1452	-0.909	0.237	-1.742	-0.176
$lnfdi$	1452	7.198	1.247	-1.957	9.401
$lntech$	1452	0.908	0.746	-1.052	3.089
$lngas$	1452	-3.405	1.260	-10.081	0.903
$lnelec$	1452	-6.464	0.999	-9.333	-4.229

资料来源：笔者计算而得。

5.2 回归分析

　　城市群规划内城市不仅可以享受到本地规模效应，还可以借用城市群的经济规模，享受城市群带来的空间外部性，体现在环境层面上，排污和治污方面均存在规模效应，城市在城市群中享受的外部规模也体现在污染治理中。此外，地方城市加入城市群规划后，也会面临城市群内的竞争，譬如地方城市为发展经济吸引外资，会通过设立开发区执行特定的产业优惠政策，一般来说，税收政策是地方竞争的主要方式。城市之间的竞争也包含环境规制竞争，譬如通过放松对污染企业的监管和处罚力度吸引外资和污染企业的进入。但也有观点认为经济竞争包含政府对环境的重视，政府会增加环境治理投资额，最终对环境质量改善起到一定的作用。

　　本地城市规模和城市群外部规模对环境污染的基准回归结果如表5-3所示，其中模型1~模型3是对水污染物排放强度的回归模型，模型4~模型6是对大气污染物排放强度的回归模型。模型1、模型4考虑了本地城市规模 $isize$ 和城市群外部规模 esize 对环境污染的影响，模型 2、模型 5 在核心变量的基础上加入控制变量进行回归，两模型均控制城市固定效应、城市群固定效应和时间固定效应。由于中央环境规制水平 cregu 与时间固定效应形成共线性，为考察中央环境规制水平对环境污染的影响，模型 3、模型 6 加入 cregu 但去掉时间固定效应。

表 5-3　本地城市规模和城市群外部规模对环境污染的基准回归结果

变量	lnwaterw			$\ln so_2$		
	模型 1	模型 2	模型 3	模型 4	模型 5	模型 6
lnisize	−0.073 (0.157)	−0.264 (0.191)	−1.240*** (0.174)	−1.294*** (0.210)	−1.281*** (0.258)	−2.705*** (0.272)
lnesize	2.427*** (0.361)	2.589*** (0.369)	1.240*** (0.368)	0.612 (0.481)	0.517 (0.501)	−2.396*** (0.576)
compete		−1.575 (1.394)	−0.097 (1.473)		−3.312* (1.889)	−1.924 (2.303)
lnregu		−0.027 (0.032)	−0.019 (0.029)		−0.164*** (0.043)	0.092** (0.046)
lncregu			−0.057*** (0.021)			0.024 (0.033)
lnrgdp		−0.327*** (0.125)	−1.314*** (0.071)		−0.401** (0.169)	−2.138*** (0.111)
lnind		−1.435*** (0.206)	−0.791*** (0.199)		−0.345 (0.279)	1.695*** (0.311)
lnserv		−0.320* (0.172)	−0.839*** (0.171)		0.757*** (0.233)	−0.495* (0.267)
lnfdi		−0.031* (0.018)	−0.032* (0.019)		−0.013 (0.025)	−0.001 (0.030)
lntech		−0.144*** (0.028)	−0.151*** (0.030)		−0.210*** (0.038)	−0.218*** (0.047)
lngas		−0.017 (0.019)	−0.037* (0.020)		0.048* (0.025)	0.034 (0.031)
lnelec		0.024 (0.035)	−0.018 (0.037)		0.012 (0.048)	0.020 (0.058)

续表

变量	lnwaterw			lnso₂		
	模型 1	模型 2	模型 3	模型 4	模型 5	模型 6
城市固定效应	控制	控制	控制	控制	控制	控制
城市群固定效应	控制	控制	控制	控制	控制	控制
时间固定效应	控制	控制	未控制	控制	控制	未控制
Adj R^2	0.787	0.808	0.783	0.896	0.903	0.854
观测值	1452	1452	1452	1452	1452	1452
城市个数	132	132	132	132	132	132

注：＊＊＊表示在1%水平上显著，＊＊表示在5%水平上显著，＊表示在10%水平上显著，括号内为标准误 SE。

由表5-3可知，本地城市规模和城市群外部规模对水污染和大气污染物排放的影响存在异质性。模型1、模型3显示，在控制城市固定效应、城市群固定效应和时间固定效应后，本地城市规模对城市工业废水污染排放强度的影响不显著，但城市群外部规模显著加剧了工业废水污染排放强度，系数为 2.427，在1%水平上显著。对于工业二氧化硫排放强度而言，本地城市规模显著抑制二氧化硫排放，系数为−1.294；城市群外部规模对二氧化硫排放的影响不显著。进一步在模型2、模型5中加入控制变量控制环境污染的其他影响因素，结果显示，核心变量对这两种污染物排放强度的影响是稳健的，城市群外部规模对工业废水排放强度的影响系数再增加至 2.589，在1%水平上显著；本地城市规模对工业二氧化硫排放强度的抑制作用略下降至−1.281，在1%水平上显著。模型3、模型6结果显示，在控制中央环境规制以及其他地区特征，控制城市、城市群固定效应后，核心变量本地城市规模和城市群外部规模对水污染物排放强度影响为负显著和正显著；对大气污染物排放强度影响均为负显著，以前显著的核心变量符号未变，不显著的核心变量变为显著。这表明，城市群集聚加剧了城市工业水污染排放强度，但对工业废气污染排放强度的加剧作用不显著或有抑制作用。

为进一步考虑城市群特征，我们估计了主要模型中的城市群固定效应（由于城市固定效应与城市群固定效应存在共线性关系，估计中去掉了城市固定效应），以中原城市群为对照组。图 5-1 给出了估计结果。

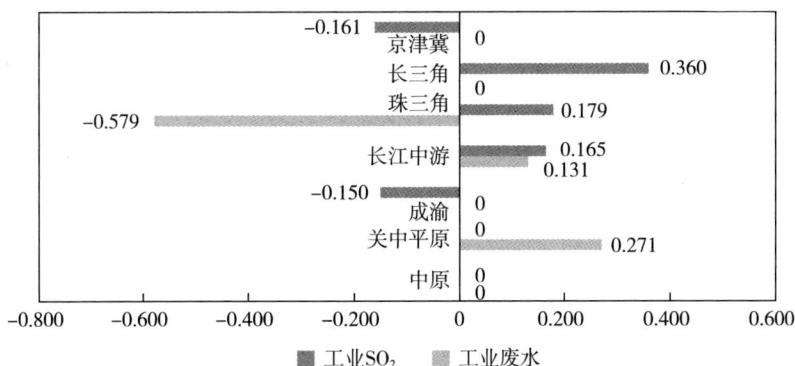

图 5-1　城市群固定效应估计结果

由图 5-1 可知，城市群的工业废水排放强度较为平均，但珠三角城市群的工业废水平均排放强度较其他城市群（京津冀、长三角、成渝、中原）低 5.79%（1% 显著性水平）。长三角、珠三角和长江中游城市群的工业二氧化硫平均排放强度较中原、关中平原等内陆城市群更高，沿海城市群的大气污染将更为严重。其主要原因可能是沿海城市群的经济发展水平更高，工业结构更发达，能源消耗和化学反应过程中的二氧化硫排放量更大。此外，沿海城市群的气象条件也对大气污染的形成和传输产生了一定的影响。

继续考察控制变量的影响系数，结果发现，城市内部财政竞争对工业废水污染排放强度不具有显著的影响，对工业二氧化硫排放强度在 10% 水平上显著降低，系数为 -3.312，地方竞争有助于控制工业大气污染排放。分权理论认为，财政分权会激励地方提供更多的公共服务，除刺激地方经济外，还会降低公共品的财政约束。谭志雄和张阳阳（2015）指出城市间的经济竞争也包括环境质量竞争，地方会增加财政上的环境治理投资以获取相对更好的生态环境。

地方环境规制也表现为对工业大气污染的抑制作用，城市所在省份 GDP 中每增加1%的环境治理投资额，工业二氧化硫单位排放强度相应降低0.164%，并在1%水平上显著。可见近10年，地方在大气污染防治工作上取得的成果较为显著，但在水污染防治方面作用不太有效。人均地区生产总值（$rgdp$）每增长1%，地方工业废水排放强度降低0.327%，地方工业二氧化硫排放强度降低0.401%，均在呈显著性水平，这表明污染的增长是随地方经济增长而收敛的，与张可（2018）的结论相似。

将非农产业占比拆分为第二产业占比和第三产业占比，第二产业比重增加对工业废水排放强度具有负向作用，系数为-1.435%，对工业二氧化硫排放强度作用不显著。第三产业比重增加在10%水平上显著降低工业废水排放强度，但在1%水平上显著增加工业二氧化硫排放强度。其原因可能是，城市第二产业比重在一定程度上反映了城市工业化程度以及城市化程度，城市化水平通过许多中间机制降低了工业污染强度。陆铭和冯皓（2014）指出在控制了经济发展水平和工业化程度后，非农人口占比更多衡量人口城市化通过对产业结构的调整而对环境污染的影响。第三产业占比提升加剧工业大气污染的原因可能是，随着人均收入的提高，劳动力结构发生了相应变化，服务业由于面对面接触的属性吸纳了更多的劳动力，而工业生产结构从劳动力密集型向资本密集型转变，从而加剧了工业污染。

城市外商直接投资水平在10%水平上显著降低了工业废水污染排放强度，尽管显著性不强，但负向影响也表明对外开放有助于引进相对环保的生产技术，减少污染物排放，这一点与邓玉萍和许和连（2016）的结果类似。

城市科技投入显著降低了城市工业废水、废气排放，对工业废水的排放强度的影响系数为-0.144，对工业二氧化硫排放强度的影响系数为-0.210，均在1%水平上显著。科技财政投入有助于提高技术水平特别是促进环境技术进步，环境技术进步对污染物排放强度有显著抑制作用（李廉水和周勇，2006）。

能源使用量包括城市用电量、煤气用量，对工业污染物排放的作用不明显，城市人均煤气用量在10%水平上显著增加了工业二氧化硫排放强度。

5.3　稳健性检验

本章在基准回归的基础上对核心解释变量和被解释变量进行替换，检验回归结果是否稳健，最后得出稳健检验结果与基准回归结果相近。

5.3.1　替换变量

（1）替换解释变量。对本地城市规模而言，本章采用更能反映人口一天活动轨迹的 LandScan 数据进行替换。LandScan 是全球人口分布栅格数据，采用周围人口数量做研究对象，将周围人口白天活动和集体旅行习惯整合到一起，以便更好地反映人口在一天中所处的位置。LandScan 采用高清卫星摄像和图像分析方法对人口分布进行估计，采用大 1000 米×1000 米大小的栅格整合格点内人口轨迹。用 ArcGIS 软件将人口栅格数据整理到地级市层面，得到地级城市人口栅格数据。这里对 LandScan 数据做对数化处理，得到 ln$landscan$。

另外，我们采用城市群市场潜能变量替代城市群外部规模。市场潜能学说指出，企业会集聚到具有较大市场潜能的地区，这种集聚会带来价格上的"空间外部性"。市场潜能是新经济地理中对地区可享用的市场规模大小的衡量，城市群聚集在微观基础上也存在市场潜能学说的身影。这里用市场潜能 MP 替代城市群外部规模变量 $esize$。根据 Harris（1954）提出的市场潜能的度量方法，主要对城市在城市群内获得的市场规模潜能进行度量，计算式为

$$MP_{ict} = \sum_{i,\,j\in c,\,j\neq i} \left(Y_{jt}/d_{ji} + Y_{it}/d_{ii} \right) \tag{5.3}$$

式中，Y_{jt} 为城市群内其他城市的地区生产总值；d_{ji} 为其他城市与城市 i 的距离；d_{ii} 为城市内部距离，采用 $2/3\sqrt{area/\pi}$ 获得，其中 $area$ 是城市土地面积。对 MP 做对数化处理，得到对数化的城市群市场潜能指数 lnmp。

在计算市场潜能指数时采用了地区生产总值，由此得到的市场潜能指数 *mp* 与人均 GDP、第二产业 GDP 占比和第三产业 GDP 占比具有较高的相关性。考虑到人均 GDP 在一定程度上代表一个地区的富裕程度，这里我们采用城市的平均工资进行替代。而对第二产业 GDP 占比和第三产业 GDP 占比，我们采用非农人口占比进行替代。替换核心解释变量后的稳健性回归结果见表 5-4。

表 5-4　替换核心解释变量后的稳健性回归结果

变量	替换解释变量	
	lnwaterw	lnso$_2$
ln*landscan*	0.938*** (0.209)	−0.783*** (0.279)
ln*mp*	−0.274 (0.254)	−0.799** (0.339)
控制变量	控制	控制
城市固定效应	控制	控制
城市群固定效应	控制	控制
时间固定效应	控制	未控制
Adj R^2	0.796	0.901
观测值	1452	1452
城市个数	132	132

注：***表示在1%水平上显著，**表示在5%水平上显著，*表示在10%水平上显著，括号内为标准误 SE。

从结果来看，工业二氧化硫排放的结果相对稳健，即本地城市规模 ln*landscan* 和城市群市场潜能指数 ln*mp* 分别在1%和5%水平上显著降低工业二氧化硫排放强度。本地城市规模在基准回归模型和稳健回归模型中均显著为负，城市群外部规模在基准回归模型6中显著为负，在稳健回归模型中维持了类似结果。可见本地规模和城市群外部规模对工业二氧化硫排放具有抑制作用，大气污染物排放和治理均存在规模经济。对于工业废水排放而言，替换本地城市规模和城市群外部城市规模后结果不再稳健。本地城市规模的系数显著为正，而该系数在基准回归结果中不显著；城市群外部规模的系数在基准回归结果中显著为正，在稳健回归结果中不再显著，但本地城市规模和城市群外部规模整体系数为正这个结果显著。城市群的工业废水污染表现多为本地污染，溢出性不强。

（2）替换被解释变量。与工业大气污染不同，碳排放量指生产、运输、使用及回收时产生的温室气体排放量，衡量了多种温室气体包括二氧化硫（CO_2）、甲烷（CH_4）、氧化亚氮（N_2O）等的排放总体情况，过量碳排放对全球环境造成如臭氧层破坏、海平面上升、极端天气等严重后果。碳排放估算既包含了工业污染源又包含了生活污染源（如取暖烧饭的燃料燃烧排放等）。我国是煤炭依赖型国家，"富煤贫油少气"决定我国的能源结构以碳为主，其中燃煤发电产生的碳排放占整体碳排放的一半（林伯强和蒋竺均，2009）。2020 年，中国在第七十五届联合国大会上宣布中国力争实现"双碳"目标，碳排放问题得到了政府重视。我们采用了 CEADs 碳排放数据库估算的 1997—2019 年全国 290 个城市的碳排放量，并对碳排放量进行土地面积均摊，得到城市地均碳排放强度。由于 CEADs 没有公布 2020 年数据，这里仅对 2010—2019 年数据进行回归。城市群中有 9 个城市未公布碳排放数据，这里采用非平衡面板回归。表 5-5 报告了碳排放 $lnco_2$ 的回归结果，同时对解释变量进行替换及稳健分析。

表 5-5　城市群本地城市规模和外部城市规模对碳排放的回归结果

变量	替换污染物	
	$lnco_2$	$lnco_2$
ln$isize$	0.124 (0.118)	
ln$esize$	-0.550*** (0.206)	
ln$landscan$		-0.108 (0.117)
lnmp		-0.358** (0.177)
控制变量	控制	控制
城市固定效应	控制	控制

变量	替换污染物	
	$lnco_2$	$lnco_2$
城市群固定效应	控制	控制
时间固定效应	控制	控制
Adj R^2	0.972	0.972
观测值	1341	1341
城市个数	123	123

注：***表示在1%水平上显著，**表示在5%水平上显著，*表示在10%水平上显著，括号内为标准误SE。

从结果来看，城市群外部规模对城市碳排放强度具有显著的抑制作用，但本地城市规模对碳排放强度没有明显作用，这一结果在替换核心解释变量后仍旧稳健。具体来看，在控制城市、城市群和时间固定效应以及控制变量后，城市群外部规模每增加1%，城市地均碳排放强度相应降低0.550%，并在1%水平上显著。而在使用市场潜能指数替代原"借用规模"指标后，城市群外部规模的效应略微降低，系数绝对值降为0.358%，在5%水平上显著，和工业二氧化硫污染排放的结果不一致，但城市群整体的规模效应仍旧存在。韩峰和谢锐（2017）指出，金融业专业化集聚、科学研究和技术服务业多样化集聚、环境治理和公共设施管理业的专业化和多样化集聚对碳排放具有抑制作用。城市群通过市场交互、外部市场规模扩大放大了金融业、科学研究、环境治理和公共设施管理业的集聚外部性，从而对碳温室气体产生了减排作用。

5.3.2 工具变量估计

"污染天堂假说"指出，污染密集的产业更倾向于向环境规制水平较低的国家和地区迁移，这意味着城市群空间集聚和工业污染物排放之间可能存在双向因果关系。为了解决内生性问题和遗漏变量问题，本章采用IV-2SLS估计对模型进行估计。在原模型中，城市群外部规模 *esize* 由城市群内其他城市人口规模和城市间逆距离矩阵相乘得到，其中城市两两间距离相对模型外生，因此该变量相对模型外生。但本地城市规模 isize 的内生性应做处理，因此，我们构造了两个工具变量。

（1）采用 Bartik 份额移动平均法构造工具变量（Bartik，1991；赵奎等，2021），其基本思想是通过更细分类的初始份额和总体增长率构造较粗分类变量的工具变量。以本章为例，我们采用 Bartik 工具变量法，以 2010—2020 年地级市层面的三次产业就业人数来估计地级市的常住人口。如果一个城市的就业人数可以用如下公式表示，即城市就业人口是该城市三次产业就业人口的加总。其中，用 i 表示城市，t 表示年份，j 表示三次产业，有

$$emp_{it} = \sum_{j=1\sim3} emp_{ijt} \tag{5.4}$$

那么可以用式（5.5）估计城市就业人口 emp_{it}，其中，t_0 表示初始年份，emp_{ijt_0} 表示城市 i 产业 j 在初始年份的就业人数，G_{jt} 表示产业 j 在全国的就业相对初始年份的增长率，有

$$emp\_iv_{it} = \sum_{j=1\sim3} emp_{ijt_0} \times (1 + G_{jt}) \tag{5.5}$$

由于加入了外生的全国增长率，该工具变量与影响城市污染物排放强度的残差项不相关，但与城市群集聚的两个核心解释变量相关，可以解决模型的内生性问题。

（2）采用城市常住人口的滞后项和城市群城市间逆距离矩阵相乘构造工具变量。城市常住人口的滞后项与模型的残差项不相关，但与核心自变量相关，与其相乘的逆距离矩阵也外生于模型。这里采用的数据来自 2000—2010 年 LandScan 城市常住人口估计数。我们将自变量记作 size_iv。

以上两个工具变量与城市群的本地城市规模均有相关关系，但与模型残差项没有明显关系。表 5-6 给出了工具变量估计结果。结果显示，在第一阶段估计中 F 检验的 p 值小于 0.00，工具变量足够有效；Cragg Donald Wald F 统计量大于 10，模型不存在弱工具变量问题；Sargan 检验的 p 值大于 0.05，模型不存在过度识别问题。此外，对工业废水排放强度的回归结果显示，本地城市规模对工业废水排放强度有显著的抑制作用，但城市群外部规模加剧，其系数（2.931）与基

准回归的结果（2.589）相近。对工业二氧化硫排放强度的回归结果显示，本地城市规模显著降低了工业二氧化硫排放强度，其系数为-2.973，与基准回归结果（-1.281）相近。工具变量估计显示，城市群集聚（不仅本地人口规模增加，还会带来外部城市规模红利）与污染物排放的因果关系成立，并且基准回归结果稳健。

表5-6　工具变量估计结果

第一阶段估计	lnisize	
工具变量1（emp_iv）	0.050 *** (0.007)	
工具变量2（size_iv）	0.094 *** (0.027)	
F-Value	35.26	
第二阶段估计	lnwaterw	lnso₂
lnisize	−2.508 *** (0.884)	−2.973 ** (1.157)
lnesize	2.931 *** (0.410)	0.775 (0.537)
控制变量	是	是
城市固定效应	控制	控制
城市群固定效应	控制	控制
时间固定效应	控制	控制
Cragg Donald Wald F 检验	74.763	74.763
Sargan 检验 p 值	0.959	0.767

注：*** 表示在1%水平上显著，** 表示在5%水平上显著，* 表示在10%水平上显著，括号内为标准误 SE。

5.4　异质性分析

5.4.1　沿海城市群和内陆城市群的异质性

世界经济发展在空间上不平衡，生产活动集中在主要大城市，港口城市往往比内陆城市首先发展起来。纽约是美国第一商港，位于纽约州哈德逊河口，濒临大西洋，通过建立北美和欧洲的贸易窗口发展成为世界第一大都市，并与华盛顿、波士顿一同形成东北部大西洋沿岸城市群。区位理论指出港口的交通枢纽作用聚集了大量对外的生产活动，造就了沿海、近海城市群的兴盛。当沿海城市群形成规模效应和外部性后，会产生自我强化的锁定效应（Lock - in Effect），使优先发展的港口城市以及沿海都市圈继续保持经济领先地位。许政等（2010）指出随着到上海、香港两个港口距离的增加，城市的经济增长速度衰减。出于以上这些原因，我国区域经济呈现东、中、西不平衡发展态势。沿海地区的工业化程度、生产要素禀赋和交通禀赋远远高于内陆城市，其孕育的沿海城市群发展情况、发育成熟度和内陆城市群具有很大不同。譬如产业的空间分工和关联程度、聚集的劳动力池大小、知识科技型产业的发展等均存在差异，二者生产活动聚集产生的外部性效应在规模和结构上均存在不同，同时也对污染产生了异质性影响。因此，本节按地理位置将城市群分为沿海城市群和内陆城市群两类，沿海城市群包括京津冀、长三角、珠三角，内陆城市群包括长江中游、中原、成渝和关中平原，其规模效应对污染的异质性表现如表5-7所示。

表 5-7　沿海城市群和内陆城市群规模效应对污染的异质性表现

变量	沿海城市群		内陆城市群	
	lnwaterw	lnso_2	lnwaterw	lnso_2
$lnisize$	−0.047 (0.243)	−1.434 *** (0.359)	−0.280 (0.118)	−1.777 *** (0.456)
$lnesize$	1.367 *** (0.522)	0.172 (0.771)	2.014 ** (0.966)	−1.493 (1.261)
控制变量	控制	控制	控制	控制
城市固定效应	控制	控制	控制	控制
城市群固定效应	控制	控制	控制	控制
时间固定效应	控制	控制	控制	控制
Adj R^2	0.859	0.919	0.801	0.888
观测值	528	528	924	924
城市个数	48	48	84	84

注：***表示在1%水平上显著，**表示在5%水平上显著，*表示在10%水平上显著，括号内为标准误 SE。

　　从表 5-7 中的结果来看，沿海城市群和内陆城市群的外部规模均对工业废水排放强度有正向影响，即加剧了城市工业废水污染，这点与基准回归一致。而内陆城市群的外部规模效应影响系数高于沿海城市群。根据 Dietz 和 Rosa（1994）的 STIRPAT 模型和 Copeland-Taylor（1994）模型，人口规模和财富增长会提高污染物排放量，存在污染的规模效应，但规模和财富的提高又会促进能源利用技术革新，具有降低污染的规模效应。污染物排放强度的提升或者降低是两种规模效应共同作用的结果。从异质性分析结果来看，尽管沿海和内陆城市群由于 3.1 节中给出的原因对工业水污染的污染规模效应大于治理端的技术改进效应，但沿海城市群的两种规模效应差距较小，对工业水污染的加剧作用相对有限，可能原因是治理端的技术改进效应更大。

　　沿海和内陆城市群的本地城市规模均显著抑制工业大气污染物排放，且对内陆城市群内城市的抑制作用更强。可能原因是，城市规模扩大将产生环境改善效应，即减排作用（刘习平和宋德勇，2013；陆铭和冯皓，2014），环境库兹涅茨曲线也给出了经济增长与污染的倒"U"形关系，但这种环境改善效应应该是边际递减的，即对经济规模尚小的城市具有更强的减排作用，经济规模较大的城市在本地城市规模影响减弱的基础上，向城市群寻求外部规模效应，而特大城市通过产业结构调整、环保努力、绿色知识产业发展等途径进一步加强污染减排。这里我们对这种可能情况做了验证，加入中心城市虚拟变量与城市群外部规模交互项。沿海城市群的中心城市北上广深均为特大城市，$ccity \times lnesize$ 捕捉了中心城市通过寻求外部规模的额外影响，沿海城市群和内陆城市群中心城市的外部规模额外影响分别为-5.016 和 13.137，同时沿海城市群外围城市外部规模效应不显著，而内陆城市群外围城市外部规模效应显著为-1.703，以上系数均在1%水平上显著（见表5-8）。这表明沿海城市群的中心城市在本地城市治理规模效应动力不足后，向城市群外部寻求外部规模效应，通过城市群空间分工，向外疏解污染性产业；但内陆城市群中心城市规模不足，仍处于工业化发展阶段，城市群空间集聚进一步提高了中心城市的工业水平，但增加了环境污染。

表 5-8　沿海内陆城市群空间集聚对中心城市的额外影响

变量	沿海城市群	内陆城市群
	$lnso_2$	$lnso_2$
$ccity \times lnesize$	-5.016***	13.137***
	(1.053)	(2.704)
$lnisize$	-1.130***	-1.703***
	(0.356)	(0.442)
$lnesize$	0.841	-4.423***
	(0.766)	(1.385)
控制变量	控制	控制
城市固定效应	控制	控制
时间固定效应	控制	控制
Adj R^2	0.923	0.891
观测值	528	924
城市个数	48	84

注：***表示在1%水平上显著，**表示在5%水平上显著，*表示在10%水平上显著，括号内为标准误 SE。

5.4.2 多中心化城市群和少中心化城市群的异质性

城市群呈现节点网络型的分工生产体系，每个城市作为节点参与其中，网络作用在城市间形成互补或整合的网络体系，以获得专业化分工和协同创新的外部性。在城市网络中，中心城市的规模集聚十分重要，但其他节点城市的发展让城市网络更便利地互联互通，以获取超过本身规模的网络外部性。城市群的发展还能疏解中心城市的过度集中带来的拥挤效应。为考察过度集中和多中心化发展的城市群体系规模外部性对污染的异质性表现，这里将城市群进行分类，分类依据基于两个指标：首位度和位序—规模系数（见表5-9）。首位度的计算方法是城市群的首位城市和次级城市的人口规模之比，首位度越大表示城市群越集中在少数城市。而位序—规模系数通过对以式（5.6）取对数然后进行回归得到：

$$R(s_i) = As_i^{-\beta} \tag{5.6}$$

式中，$R(s_i)$ 表示城市群内城市规模的排序；s_i 表示城市 i 的人口规模；A 表示常数，β 表示这里要求的位序—规模指数，β 越高，代表城市群的多中心化程度越高，即城市群中的节点型城市越多。这两种指数均表示城市群的多中心化程度。

表5-9　基于城市群首位度、位序—规模系数对城市群分组

城市群	位序—规模系数	分组	城市群	首位度	分组
中原	0.00305	多中心化城市群	珠三角	1.059	多中心化城市群
长江中游	0.00293		长江中游	1.237	
长三角	0.00131		中原	1.299	
关中平原	0.00081	少中心化城市群	成渝	1.532	少中心化城市群
京津冀	0.00068		京津冀	1.579	
珠三角	0.00043		长三角	1.952	
成渝	0.00039		关中平原	2.716	

资料来源：笔者计算而得。

　　我们分别计算了 7 个城市群的首位度和位序—规模系数，并依据这两个指标对城市群进行划分，依照位序—规模系数由高到低将城市群划分为多中心化城市群（位序—规模系数>0.001）和少中心化城市群（位序—规模系数<0.001），依照首位度由低到高将城市群划分为多中心化城市群（首位度<1.5）和少中心化城市群（首位度>1.5）。从表 5-9 发现两种划分方法区别不大，长三角城市群按位序—规模系数划分为多中心化城市群，但其首位度很高，表现出中心城市经济发展远超同群城市，余下同群城市多节点、多中心发展的结构。珠三角城市群则表现出广深同步发展、远超其余城市的空间结构。我们主要基于位序—规模系数分组检验，表 5-10 主要报告了多中心化城市群和少中心化城市群规模效应对污染的异质性表现。

表 5-10　多中心化城市群和少中心化城市群规模效应对污染的异质性表现

变量	多中心化城市群		少中心化城市群	
	lnwaterw	lnso₂	lnwaterw	lnso₂
lnisize	0.145 (0.240)	−0.290 (0.321)	−1.084*** (0.371)	−2.484*** (0.440)
lnesize	4.840*** (0.784)	0.743 (1.052)	2.395*** (0.463)	1.671** (0.642)
控制变量	控制	控制	控制	控制
城市固定效应	控制	控制	控制	控制
城市群固定效应	控制	控制	控制	控制
时间固定效应	控制	控制	控制	控制
Adj R^2	0.822	0.899	0.816	0.917
观测值	913	913	539	539
城市个数	83	83	49	49

　　注：＊＊＊表示在 1% 水平上显著，＊＊表示在 5% 水平上显著，＊表示在 10% 水平上显著，括号内为标准误 SE。

　　从结果来看，多中心化城市和少中心化城市群本地城市规模和城市群外部规模对污染的外部性影响呈现差异化结果。对于工业废水污染排放而言，多中心化城市群的本地城市规模不显著，少中心化城市群缓解了水污染（-1.084%）。多中心化城市群的外部城市规模加剧了工业水污染（4.840%），且严重过少中心化城市的加剧效果（2.395%）。对于工业二氧化硫污染而言，少中心化城市的本地城市规模显著降低了城市二氧化硫污染，城市群外部规模显著增加了二氧化硫污染排放，而多中心化城市的这两个系数并不显著，以上系数分别在1%、5%水平上显著。这一结果在去除长三角这一发育成熟的多中心化城市群后依旧稳健。整体来看，少中心化城市群的本地城市规模对水污染和大气污染具有抑制作用，外部城市规模对工业水污染的加剧作用低于多中心化城市群，但对工业二氧化硫的加剧作用显著。少中心化意味着生产和科技研发活动的更加集中，更容易对污染形成抑制性规模效应。多中心化城市群尽管对拥挤有疏解作用，但难以对环境产生相对少中心化城市群更高的正外部性。

5.5 本章小结

在本章中，笔者构建了包括本地城市规模和城市群外部规模两个核心变量，城市层面工业废水单位污染强度和工业二氧化硫单位污染强度两个被解释变量的"年份—城市群—城市"面板计量模型。

第一，在计量模型和指标度量上，本章采用了时间、个体固定效应模型分析本地城市和城市群外部规模对环境污染的外部效应，通过固定年份效应、城市个体效应和城市群个体效应解决不随时间变化、不随个体变化的遗漏变量问题，以降低模型的估计偏差。在指标度量方面，本章选择城市常住人口作为本地城市规模（*isize*）；以城市群空间距离矩阵为权重、城市群其他城市的常住人口数为加权数，构建城市在城市群享受到的城市群外部规模（*esize*）；以工业废水和工业二氧化硫排放量与工业应收的比值作为单位排放强度构建被解释变量。同时，选取了城市内部竞争（*compete*）、地方环境规制水平（*regu*）、中央环境规制水平

（*cregu*）、人均地区生产总值（*rgdp*）、产业结构［第二产业结构（*ind*）和第三
产业结构（*serv*）］、外商投资（*fdi*）、科技水平（*tech*）和能源投入［人均用电
量（*elec*）和人均煤气用量（*gas*）］作为控制变量。

第二，城市群空间集聚影响污染物排放的基准回归结果显示，本地城市规
模和城市群外部规模对水污染物和大气污染物排放的影响存在异质性。本地城
市规模对工业废水排放强度没有明显作用，但对工业二氧化硫排放强度具有显
著的抑制作用，城市群外部规模对工业废水污染存在显著的正向影响，对工
业二氧化硫排放强度并不显著。在加入中央环境规制变量而未固定时间效应
的模型中，本地城市规模抑制了水污染物排放，但外部城市规模加剧了工业
水污染；本地城市规模和城市群外部规模均抑制了大气污染物排放。可见，
城市群外部城市规模对工业废水排放强度有增强作用，本地城市规模对工业
废气污染物排放强度具有抑制作用，这表明城市群规模对不同类型污染物的
影响具有异质性。

第三，在稳健性检验中，笔者对核心解释变量和被解释变量进行了替换。首
先替换了本地城市规模变量里的常住人口，改用 LandScan 人口估计数据；其次
采用市场潜能指数替换了城市群外部规模变量；最后用碳排放数据替换了大气污
染物二氧化硫变量。结果显示，替换核心解释变量后，工业二氧化硫排放的结果
相对稳健，在将市场潜能指数作为城市群外部规模指标后，其对工业二氧化硫排
放的抑制效应变为显著，工业废水排放的结果不再稳健。替换被解释变量后，城
市群外部规模对城市碳排放强度具有显著的抑制作用，但本地城市规模对碳排放
强度没有明显作用。进一步替换核心解释变量，结果仍旧稳健。这表明城市群通
过市场交互、外部市场规模扩大放大了金融业、科学研究、环境治理和公共设施
管理业的集聚外部性，从而对温室气体产生了减排作用。

第四，在异质性检验中，本章按照地理位置和多中心化程度（基于位序—规
模系数划分）将城市群分为沿海城市群和内陆城市群、多中心化城市群和少中心
化城市群，并对两组城市群空间集聚的环境外部效果进行异质性检验。结果显
示，内陆城市群集聚对废水污染的加剧效应显著高于沿海城市群。可能的原因
是，沿海城市群治理端规模效应更强，抵消了更多对废水污染的增强效应。沿海

城市群和内陆城市群的本地城市规模均显著抑制了工业大气污染物排放，但内陆城市群内本地城市规模对大气污染的抑制作用更强。可能的原因是，城市规模的环境改善效应边际递减，即对经济规模尚小的城市具有更强的减排作用。沿海、内陆城市群的异质性表现可能源于城市群的工业化进程和空间分工情况，这里引入中心城市虚拟变量和城市群外部规模的交互项进一步验证发现，沿海城市群外部规模对中心城市污染物排放有额外的减排效应，但内陆城市群空间集聚对内陆中心城市污染物排放有额外的增加作用。内陆城市群中心城市仍处于工业化发展阶段，是城市群的工业中心。

从多中心化城市群和少中心化城市群集聚对污染物排放强度影响的差异化结果来看，少中心化城市群的本地城市规模对水污染和大气污染具有抑制作用，外部城市规模对工业水污染的加剧作用低于多中心化城市群，但对工业二氧化硫的加剧作用更显著。少中心化城市群意味着生产和科技研发活动更加集中，更容易对污染形成抑制性规模效应。多中心化城市群尽管对拥挤有疏解作用，但难以对环境产生更高的正面效应。

第6章 城市群空间集聚影响
污染物分布的实证研究

在第5章中，我们讨论了城市群空间集聚对污染物排放强度的影响，得出了城市群集聚不一定会加剧环境污染这一结论。而在本章中，我们将探讨这种影响在中心城市和外围城市是否存在异质性，从而会对污染物分布产生何种影响。

早期的研究表明，城市群集聚对环境质量的影响主要表现在中心城市的环境污染严重程度上，但对周边城市的影响较小。然而，随着城市群规模的不断扩大和城市化进程的不断推进，城市群中的外围城市也逐渐成为环境问题的重要发生地，这种影响趋势逐渐发生变化。因此，城市群集聚对污染物分布的影响需要重新审视，以更好地理解城市群集聚与环境问题之间的关系，为城市群可持续发展提供科学支撑。本章将对假说1.2进行检验。

6.1 中心城市和外围城市的划分

本章首先对7个城市群的中心城市和外围城市进行划分。中心城市是指在一定区域内具有重要的经济社会地位，以及综合功能和枢纽作用的特大城市。现有的中心城市划分标准多以总人口或市区非农人口范围进行划分，外围县则以非农产业比重和非农就业比重划分。宁越敏等（1998）、黄金川等（2014）在此基础上又加入了"城市化水平""人均 GDP""人口密度"指标做进一步限定。但这种划分方法主要是基于都市区层面的划分，主要划定中心都市区和外围县。在城市群层面，中心城市和外围城市的划分方法应有所不同。

本章通过城市群发展规划和城市群内经济地位共同决定城市群的中心城市。部分城市群规划明确给出了城市群的中心城市，如《中原城市群发展规划》指出建设现代化郑州大都市区，推进郑州大都市区国际化发展。此外，政府还推出了国家中心城市政策。国家中心城市是中国城镇体系规划的最高层级，是全国城镇体系的核心城市，在现代服务、科技和交通等方面都发挥了中心和枢纽作用。从 2010 年开始住房城乡建设部逐步公布了 9 个国家级中心城市，即北京、天津、上海、广州、重庆、成都、武汉、郑州、西安。结合城市群发展规划和国家中心城市政策，我们确立了这 9 个城市为七大城市群的中心城市。同时，考虑到对于个别城市群而言，除规划的中心城市和国家级中心城市外，也有经济效益较好的城市在城市群内发挥了中心职能和枢纽职能，因此本章采用经济指标和政策文件并重的方法划分中心城市，即先对样本在 2010—2020 年的城市地区生产总值进行平均，再在城市群内部进行比较。若城市群内部包含国家级中心城市，则将其定位为中心城市。若城市群内城市地区生产总值大于群内国家级中心城市生产总值，将该城市和国家级中心城市并列为该城市群的中心城市，如珠三角城市群的深圳的地区生产总值 10 年平均值超过了广州，因此将深圳、广州并列为珠三角城市群的中心城市。

关于外围城市的定义也有多种，如常见的外围县的定义。也有学者将城市群一体化中围绕中心城市的其他城市定义为周边城市（谢卓廷，2021）。王贤彬和吴子谦（2009）认为中心城市的影响范围为 150 千米，150 千米内的地区属于中心城市的外围地区。本书定义的外围城市，是指在同一个城市群内除中心城市以外的其他城市。但本书也对外围城市进行了层级划分，首先计算城市群外围城市到中心城市的距离，对该距离分布取 0.2 分位点和 0.8 分位点，发现城市群的20%外围城市落在距离中心城市的 100 千米以内，80%外围城市落在距中心城市的 300 千米以内，表现出次中心层和边界层的特征。因此，本书将外围城市划为 3 个层级：距中心城市 100 千米以内、100~300 千米、300 千米以外的外围城市，并观察污染在外围城市层级的分布。

对双中心城市群而言，采取到两个中心城市的其中最短距离进行界定。表6-1 为 7 个城市群的中心城市和外围城市。从外围城市的空间圈层来看，珠三角城市群的城市分布最为紧密，外围城市与中心城市广州、深圳的距离都在 100 千米以内。成渝城市群是双中心城市群，其外围城市在以重庆、成都两市为中心的300 千米以内。长江中游城市群和长三角城市群的空间范围最广。对长三角城市群来说，安徽的合肥、铜陵等 5 个市在上海市直线距离 300 千米以外；而长江中游城市群中江西、湖南 13 个市距中心城市武汉的直线距离超过 300 千米。2 个城市群城市沿长江上下游分布，河流的运力降低了城市群内部的实际生产运输距离，使得城市群在空间上分布广阔。

表 6-1　7 个城市群的中心城市和外围城市

城市群	中心城市	外围城市 （<100 千米）	外围城市 （100~300 千米）	外围城市 （>300 千米）
京津冀	北京、天津	廊坊、沧州	保定、唐山、张家口、衡水、承德、石家庄、秦皇岛	邢台、邯郸
长三角	上海	苏州、嘉兴	南通、无锡、湖州、舟山、宁波、常州、绍兴、杭州、泰州、镇江、扬州、宣城、盐城、南京、马鞍山、台州、芜湖、金华	滁州、铜陵、池州、合肥、安庆
珠三角	广州、深圳	东莞、佛山、惠州、江门、肇庆、中山、珠海		
长江中游	武汉	鄂州、黄冈、黄石、咸宁、孝感	岳阳、九江、荆州、荆门、南昌、襄阳、宜昌、益阳、长沙	宜春、常德、景德镇、新余、株洲、萍乡、湘潭、抚州、鹰潭、娄底、吉安、上饶、衡阳
中原	郑州	焦作、开封、新乡、许昌	晋城、洛阳、平顶山、鹤壁、漯河、周口、安阳、濮阳、长治、菏泽、商丘、驻马店、南阳、邯郸、亳州、三门峡、运城、邢台、聊城、阜阳、信阳	淮北、宿州、蚌埠
成渝	重庆、成都	德阳、眉山、资阳	广安、雅安、泸州、内江、南充、遂宁、自贡、宜宾、达州、乐山、绵阳	

续表

城市群	中心城市	外围城市 （<100 千米）	外围城市 （100~300 千米）	外围城市 （>300 千米）
关中平原	西安	铜川、渭南、咸阳	商洛、宝鸡、庆阳、运城、平凉、天水	临汾

资料来源：笔者计算而得。

6.2 污染物分布呈现中心——外围结构的检验

6.2.1 中心城市清洁化

由于中心城市的城市化进程较快，通常承担一个地区的多种综合职能，是城市群地区的文化、经济、金融、管理的中心，服务周围地区的各种制造生产消费活动，由于城市群体系内城市层级差距和规模差距，中心城市将聚集更多的现代化服务业和知识产业，与外围城市形成产业结构分化。其次随着非农人口向中心城市聚集，城市劳动力成本提高，劳动力收入上升，正向影响城市的环保努力程度。近年来，大城市持续调整优化产业结构、淘汰落后产能、关停"散乱污"工厂，对城市环境进行整治。根据《北京市工业污染行业生产工艺调整退出及设备淘汰目录》来看，北京市推进污染物排放量较大、高能耗、工艺落后以及不符合首都城市战略功能定位的一般制造业和污染企业退出。上海市则通过《上海市产业结构调整指导目录限制和淘汰类》等政策文件对电力、化工、电子、钢铁等15 个行业的污染落后产能进行限制和淘汰。在这种高压规制下，污染企业将逐步退出中心城市，外迁到环境规制水平较低的城市。根据《北京市打赢蓝天保卫战三年行动计划》，北京规划退出 1000 家一般制造业和污染企业。由于以上原因，城市群中心城市逐渐向清洁化发展。

克鲁格曼指出中心城市规模优势扩大时会掠夺周边城市的发展空间，形成"集聚阴影"，表现在污染上，城市群的污染物分布将呈现中心低外围高的空间结构，本章对此进行了检验。这里在5.1节基准模型的基础上增加了中心城市虚拟变量项（c_city），去掉了城市固定效应，控制城市群固定效应和时间固定效应，模型公式如下：

$$Pol_{ict} = \alpha_0 + \delta c\_city + \beta_1 isize_{ict} + \beta_2 esize_{ict} + \gamma control_{ict} + \mu_c + \kappa_t + \varepsilon_{it} \qquad (6.1)$$

对该模型进行回归分析，同时考察城市工业水污染（模型1、模型2）和工业大气污染排放（模型3、模型4），回归结果如表6-2所示。模型1结果显示，在控制城市群固定效应、时间固定效应后，中心城市虚拟变量的系数显著为-0.575，即在1%水平上显著，中心城市的工业废水排放强度比外围城市少57.5%。该结论在加入城市规模变量和控制变量后的模型2依旧稳健，但影响系数的绝对值降低到19.6%。模型3结果显示，控制城市群固定效应和时间固定效应后，中心城市的工业二氧化硫污染排放强度比外围城市少145.0%，这个系数在模型4控制其他变量后降低到38.5%，两个系数均在1%水平上显著。可见，不管是工业废水排放还是工业二氧化硫排放，在中心城市的排放强度均相对外围城市更低，呈现出中心低外围高的污染物分布结构。

表 6-2　城市群污染中心—外围结构检验

变量	lnwaterw		lnso$_2$	
	模型 1	模型 2	模型 3	模型 4
c_city	−0.575***	−0.196**	−1.450***	−0.385***
	(0.058)	(0.086)	(0.084)	(0.115)
lnisize		−0.029		−0.394***
		(0.032)		(0.039)
lnesize		−0.093*		−0.110*
		(0.049)		(0.064)
控制变量	未控制	控制	未控制	控制
城市群固定效应	控制	控制	控制	控制
时间固定效应	控制	控制	控制	控制
Adj R^2	0.408	0.470	0.652	0.739

续表

变量	lnwaterw		lnso₂	
	模型1	模型2	模型3	模型4
观测值	1452	1452	1452	1452
城市个数	132	132	132	132

注：***表示在1%水平上显著，**表示在5%水平上显著，*表示在10%水平上显著，括号内为标准误SE。控制变量中删除了与中心城市虚拟变量高度相关的城市群内部财政竞争变量。

进一步考察城市群空间集聚是否促进了污染中心—外围结构的形成，这里采用中心—外围城市分组检验，分组回归类似于对分组变量和所有变量的交互项进行回归，默认所有变量在中心、外围类别中存在差异，该差异会影响污染规模。而由于事先对城市进行分组控制，这里不再控制城市固定效应，对于数量较少的中心城市也不再控制城市群固定效应，结果如表6-3所示。

表6-3　城市群空间集聚对形成污染中心—外围结构的影响

变量	中心城市		外围城市	
	lnwaterw	lnso₂	lnwaterw	lnso₂
lnisize	0.466***	1.164***	0.086	-0.492***
	(0.134)	(0.232)	(0.064)	(0.082)
lnesize	-0.549***	-1.011***	-0.098*	-0.080
	(0.206)	(0.356)	(0.050)	(0.064)
控制变量	控制	控制	控制	控制
城市群固定效应	未控制	未控制	控制	控制
时间固定效应	控制	控制	控制	控制
Adj R²	0.710	0.906	0.437	0.714
观测值	110	110	1342	1342
城市个数	10	10	122	122

注：***表示在1%水平上显著，**表示在5%水平上显著，*表示在10%水平上显著，括号内为标准误SE。

由表6-3可知，城市群外部规模显著（在1%水平上显著）降低了中心城市的工业废水污染和工业二氧化硫污染，对外围城市的工业废水污染影响减小（在10%水平上显著），对外围城市的工业二氧化硫污染影响不显著。特别地，城市群空间集聚每增加1%，对中心城市的工业废水污染相应降低0.549%，对外围城市的工业废水污染相应降低0.098%，对中心城市的工业二氧化硫污染相应降低1.011%，对外围城市的工业二氧化硫排放没有作用。结果显示，城市群空间集聚促进了中心城市工业污染减排，尽管在一定程度上降低了外围城市工业污染水平，但与中心城市存在降幅差距。这表明城市群空间集聚促进了城市群污染的中心低外围高的分布结构形成。

6.2.2 外围城市污染圈层化

从中心城市退出的污染企业的其中一部分外迁到周围环境规制程度降低的地区，形成城市群的周围污染。徐志伟和刘晨诗（2020）的研究证明，京津冀地区这些从中心城市退出的污染企业聚集在环中心城市周边50千米的带状地区，形成污染"灰边"。污染企业迫于中心城市的环境规制而退到外围城市，但在新经济地理学理论框架中，企业出于追求市场需求潜能和集聚外部性的动力，往往会向市场规模需求较大的中心城市聚集，在离心力和向心力的作用下，污染企业会集聚在距离中心城市不远的外围城市中。根据赵阳等（2021）的研究，污染将在省级边界地区过度排污，形成边界污染。这是因为财政分权竞争模式在激励地方经济飞速发展的同时，也加强了地方保护主义，边界地区公共投资不足（唐为，2019）、边界污染（李静等，2015；Cai et al.，2016）等边界负效应现象频频发生。这种观点认为污染会聚集在远离中心城市的地方。

为检验这些假说，本节对外围城市污染进行圈层检验，即以中心城市为中心画100千米和300千米圆圈，将外围城市划分为不同的圈层，分别来看外围污染是否有圈层结构。为了剔除中心城市的影响，本节将10个中心城市的观测值剔除。在基准模型的基础上分别加入 $p\_city100$ 和 $p\_city300$ 两个虚拟变量，分别代表离中心城市小于100千米的外围城市和离中心城市大于300千米的外围城市，且以离中心城市 100~300 千米的外围城市作为参考水平，结果如表 6-4 所示。

表 6-4 外围城市污染圈层化检验

变量	ln*waterw*		ln*so₂*	
	模型 1	模型 2	模型 3	模型 4
p_city（<100 千米）	−0.014 (0.045)	0.055 (0.048)	−0.256*** (0.062)	−0.250** (0.060)
p_city（>300 千米）	0.001 (0.045)	−0.078 (0.049)	0.334*** (0.061)	0.182** (0.062)
ln*isize*		0.095 (0.066)		−0.488*** (0.084)
ln*esize*		−0.117** (0.054)		0.030 (0.068)
控制变量	未控制	控制	未控制	控制
城市群固定效应	控制	控制	控制	控制
时间固定效应	控制	控制	控制	控制
Adj R²	0.379	0.438	0.642	0.720
观测值	1342	1342	1342	1342
城市个数	122	122	122	122

注：＊＊＊表示在 1% 水平上显著，＊＊表示在 5% 水平上显著，＊表示在 10% 水平上显著，括号内为标准误 SE。

模型 2、模型 2 是对工业大气污染的分析，模型 3、模型 4 是对工业二氧化硫污染的分析。结果显示环中心城市带（离中心城市不足 100 千米的城市，以长三角为例，苏州和嘉兴在环中心带中）的工业水污染与参考外围城市（离中心城市 100~300 千米的外围城市）不具有显著区别，远中心外围城市（距中心城市 300 千米以外）的工业废水排放与参考外围城市不具有显著区别。而在工业大气污染排放的模型中发现，环中心城市带的工业二氧化硫污染排放较参考外围城市排放更低，而远中心城市圈的外围城市的大气污染显著高于参考外围城市，这一结论在加入城市规模变量、控制变量、城市群固定效应和时间固定效应后依旧稳健。结合2.1节结果，工业废水污染存在中心低外围高的情况，但外围城市工业水污染中不随与中心城市距离的远近而出现变化。而对于城市群工业大气污染而言，存在中心低外围高的结构，且随着与中心城市的距离渐远而污染逐渐增加的情况。其原因可能是工业大气污染排放和治理更具规模经济，即表现为越靠近中心城市的外围城市越能享受到规模带来的外部效应，而对远中心城市的外围城市，不仅不存在规模经济效应，而且出于地方竞争，会加重环境污染等负效应。

在上述研究的基础上，进一步考察城市群空间集聚对外围城市污染圈层形成的影响，这里将外围城市分成近中心外围城市（距中心城市不足100千米）和远中心外围城市（距中心城市300千米以外）分组回归。结果如表6-5所示。对城市群内圈城市而言，城市空间集聚显著降低了内圈城市的工业二氧化硫排放，其本地城市化也降低了本地的工业废水排放，内圈城市存在"借用"中心城市规模效应同时不受集聚负效应的影响的现象，与Alonso的猜测一致。城市群空间集聚并不是造成城市群外圈城市污染严重的原因。尽管外圈污染较为严重，但是城市群外部规模仍旧降低了远中心外围城市的工业废水污染，对工业大气污染影响不明显。造成外圈城市污染的原因可能是，在现有的分权体制下，外圈城市（多为边界城市）的公共投资不足，产生了边界负效应。唐为（2019）指出省份边界县的交通设施相对不足，代表经济强度的夜间灯光显著低于其他县。环境治理作为公共服务的一种，在分权竞争的背景下可能存在边界投资不足的情况。同时，分权制加强了地方保护主义，地方政府在考虑污染企业设厂问题时，往往会在保证地方利益的同时，又尽可能地降低本省份需要承担的环境成本，污染企业在本省份边界设厂时的本地环境成本最少，由此污染企业大多分布在省级边界处。废水污染排放也倾向于设置在本省份流域的下游与省界的交点处，最大可能保证污水不途经本地而直接随河流排放至下游其他城市。出于这两种考虑，边界城市（外围城市）多呈现污染治理不理想、污染加重的现象，但城市群集聚效应降低了外围污染。

表 6-5　城市群空间集聚对外围污染圈层化的影响

变量	近中心外围城市		远中心外围城市	
	ln$waterw$	lnso_2	ln$waterw$	lnso_2
ln$isize$	0.725***	−0.454*	−0.246	−0.777***
	(0.188)	(0.234)	(0.166)	(0.199)
ln$esize$	−0.061	−0.525***	−0.446***	−0.078
	(0.148)	(0.184)	(0.169)	(0.203)
控制变量	控制	控制	控制	控制
城市群固定效应	控制	控制	控制	控制
时间固定效应	控制	控制	控制	控制
Adj R^2	0.478	0.797	0.669	0.756
观测值	286	286	264	264
城市个数	26	26	24	24

注：***表示在1%水平上显著，**表示在5%水平上显著，*表示在10%水平上显著，括号内为标准误SE。

6.3　中心——外围污染结构的异质性分析

6.3.1　直辖市中心城市群和省会中心城市群的异质性分析

直辖市属于省级行政单位，是直属中央政府管理的省级行政单位。以直辖市为中心城市的城市群，对外围城市的经济或不经济的影响仅与距离有关。地级市（省会城市）是隶属省级行政区的地级行政区，通常作为一省的行政中心和政府驻地，对省内其他城市负责。因此，以地级市（省会城市）为中心城市的城市群，会优先考虑同省份城市的经济发展，而并不是单纯考虑距离远近。在环境治理方面也具有相似的情况，根据属地治理的原则，省会城市会优先考虑本省份的污染治理目标，甚至在环境质量考评上与外省份还有竞争关系。自2006年签订《"十一五"主要污染物总量削减目标责任书》以来，环境目标被纳入政府政绩考核中。2011年颁布的《主要污染物总量减排考核办法》则要求各省、自治区、直辖市政府将主要污染物排放总量控制指标分解落实到本地区各级政府中。在这一背景下，省会城市（省级政府驻地）有更强的意愿制定偏向性的环境政策激励同省份其他城市的环境减排控制指标完成。而是否以直辖市为中心城市的区别对城市群中心—外围污染结构也具有异质性。这里我们从两个方面来考虑，第一，直辖市城市群的中心—外围污染极差的异质性表现；第二，跨省外围城市（与中心城市非省）与同省外围城市（与中心城市同省）的异质性。

首先考虑异质性的第一个方面。以直辖市为中心城市的城市群有京津冀、长三角和成渝，其他城市群中心城市或为省会城市，或为省会城市和特区城市的双中心城市设置。我们考虑中心城市和近中心外围城市（距中心城市不足100千米）的中心—外围污染差距。对于直辖市中心城市而言，以其为中心100千米内的城市是他省城市，而对于省会中心城市而言，100千米圈内的城市几乎都是同省城市。成渝城市群尽管是双中心城市，但重庆市的地区生产总值在成都之上，这里也将重庆100千米圈的外围城市看作他省城市。按直辖市中心城市城市群和省会中心城市城市群分组回归，剔除了100千米以外的外围城市，查看不同组的中心—外围污染结构，结果如表6-6所示。

表6-6　直辖市中心城市群和省会中心城市群污染异质性检验

变量	直辖市中心城市群		省会中心城市群	
	$lnwaterw$	$lnso_2$	$lnwaterw$	$lnso_2$
p_city（<100千米）	0.784*** (0.274)	2.287*** (0.435)	0.529*** (0.176)	1.317*** (0.221)
$lnisize$	-0.975*** (0.253)	-0.123 (0.479)	0.305*** (0.064)	-0.166 (0.127)

续表

变量	直辖市中心城市群		省会中心城市群	
	lnwaterw	lnso₂	lnwaterw	lnso₂
lnesize	-1.558** (0.619)	-2.308** (0.884)	0.146 (0.109)	-0.270 (0.219)
控制变量	控制	控制	控制	控制
城市群固定效应	控制	控制	控制	控制
时间固定效应	控制	控制	控制	控制
Adj R²	0.749	0.715	0.625	0.755
观测值	99	99	264	264
城市个数	9	9	24	24

注：***表示在1%水平上显著，**表示在5%水平上显著，*表示在10%水平上显著，括号内为标准误 SE，对高共线性的控制变量予以剔除。

结果显示，直辖市中心城市群的中心—外围污染差距更大。在控制其余变量和城市群固定效应、时间固定效应后，直辖市中心城市群的外围城市（<100千米）的工业废水排放强度要高于中心城市 0.784，工业二氧化硫排放强度高于中心城市 2.287，而这个差距在省会中心城市群分别只有 0.529 和 1.317，以上系数均在1%水平上显著。与我们的猜想一致，直辖市中心城市群的外围城市属于另一个省级行政区域，省会中心城市群的外围城市则属于同一省级行政区域，这种行政管理上的区别使城市群中心—外围污染呈现相对差异化的表现。省会中心城市群会考虑到一省的污染减排控制指标的实现，而限制中心城市向同省外围城市进行污染转移，但直辖市中心城市则没有这种顾虑。从表6-7可以看出，城市群空间集聚不是直辖市中心城市群中心—外围污染差距大的原因。城市群中心—外围结构的形成或受到行政力量的影响。

表 6-7　城市群空间效应对直辖市中心城市群和省会中心城市群的异质性影响检验

变量	直辖市中心城市群		省会中心城市群	
	中心城市	外围城市	中心城市	外围城市
	$lnso_2$	$lnso_2$	$lnso_2$	$lnso_2$
$lnisize$	-1.999^* (1.170)	-2.587^{***} (0.842)	-0.870 (0.851)	0.572^{***} (0.120)
$lnesize$	-5.179^{**} (2.484)	-4.104^{***} (0.812)	2.320^{***} (0.559)	0.095 (0.147)
控制变量	控制	控制	控制	控制
城市群固定效应	控制	控制	控制	控制
时间固定效应	控制	控制	控制	控制
Adj R^2	0.783	0.530	0.872	0.450
观测值	55	77	55	209
城市个数	5	7	5	19

注：$***$ 表示在 1% 水平上显著，$**$ 表示在 5% 水平上显著，$*$ 表示在 10% 水平上显著，括号内为标准误 SE，对高共线性的控制变量予以剔除。

6.3.2　跨省外围城市和一般外围城市的异质性分析

异质性的第二个方面是考虑跨省外围城市（与中心城市非省）与同省外围城市（与中心城市同省）的异质性。由于直辖市中心城市群的中心城市和外围城市均属于不同省级行政区域，这在第一个检验中已经考虑到，本节剔除了直辖市中心城市群的数据。另外，珠三角城市群 9 市属于同一省份，也不是我们检验的对象。因此，这里对 3 个跨省城市群：长江中游城市群、中原城市群、关中平原城市群的跨省外围和同省外围城市进行检验。设置跨省外围城市变量（$trans\_city$）并引入模型中，结果如表 6-8 所示。跨省外围城市的污染强度显著高于同省外围城市。为了排除边界效应，我们将非边界城市去除，比较跨省边界外围城市和同省边界外围城市的区别。当去除非边界城市后，城市个数降为 57 个，跨省边界外围城市和同省边界外围城市工业废水排放强度的差异不再显著，但工业二氧化硫排放的差异仍然存在，且并没有多少改变（未去除非边界城市的系数为0.632，去除非边界城市的系数为0.620，均在1%水平上显著）。这表明跨省外围城市的污染强度高并不是边界效应的作用结果，至少在工业大气污染上不是。产生这种结果的原因可能是城市群空间的中心—外围结构的解释，即距离中心城市越近、区域行政阻隔更小的城市的污染更小。而跨省外围城市距离中心城市更远，且与中心城市具有行政管理分割，其污染强度更高。

表6-8 跨省外围城市和一般外围城市污染异质性检验

变量	未去除非边界城市		去除非边界城市	
	lnwaterw	lnso₂	lnwaterw	lnso₂
trans_city	0.102** (0.046)	0.632*** (0.061)	0.058 (0.051)	0.620*** (0.066)
ln*isize*	0.527*** (0.089)	0.344 (0.117)	0.598*** (0.100)	0.352*** (0.130)
ln*esize*	−0.074 (0.067)	0.158* (0.088)	−0.125* (0.073)	0.166* (0.096)
控制变量	控制	控制	控制	控制
城市群固定效应	控制	控制	控制	控制
时间固定效应	控制	控制	控制	控制
Adj R^2	0.461	0.674	0.453	0.664
观测值	715	715	627	627
城市个数	65	65	57	57

注：***表示在1%水平上显著，**表示在5%水平上显著，*表示在10%水平上显著，括号内为标准误 SE。对高共线性的控制变量予以剔除，去掉了非边界城市（开封、许昌、平顶山、鹤壁、漯河市、洛阳、荆门、鄂州）。

对此我们进一步检验，将去除非边界城市后的数据分为跨省外围城市和同省外围城市两组，分别对城市群空间集聚水平进行回归，结果如表6-9所示。可以看出，城市群的空间集聚对跨省外围城市的工业废水污染有显著性10%的降低作用，但对同省边界外围城市具有显著的增强作用，系数为0.353（1%水平上显著）；对工业大气污染而言，城市群集聚显著增强了跨省外围城市的污染强度，系数为 0.386，在 1% 的水平上显著，但对同省边界城市没有显著影响。由于控制在边界城市之间，这种空间集聚外部效应相对更纯粹，结合上一个检验的工业二氧化硫检验值来看，跨省界外围城市的污染增强部分来自城市群集聚，部分来自行政分割，两种因素的影响程度相似。城市群空间集聚可能促进了污染的跨界溢出。而对于工业废水污染而言，城市群外部规模增加了同省边界外围城市的污染强度，但结合上一个检验，同省外围边界城市和跨省外围边界城市的工业废水污染强度没有显著区别，那么剔除城市群集聚效应后，促使省界两边城市的污染强度等同的可能原因是行政力量，中心城市污染转移时可能会限制同省污染转移。

表 6-9 城市群空间集聚对跨省外围城市和非跨省外围城市的污染强度的
异质性检验

变量	跨省外围城市		非跨省外围城市	
	$lnwaterw$	$lnso_2$	$lnwaterw$	$lnso_2$
$lnisize$	0.393 *** (0.150)	0.173 (0.086)	0.887 *** (0.263)	-1.574 *** (0.292)
$lnesize$	-0.154 * (0.083)	0.386 *** (0.108)	0.353 *** (0.123)	0.098 (0.137)
控制变量	控制	控制	控制	控制
城市群固定效应	控制	控制	控制	控制
时间固定效应	控制	控制	控制	控制
Adj R^2	0.634	0.735	0.551	0.834
观测值	385	385	242	242
城市个数	35	35	22	22

注：*** 表示在 1% 水平上显著，** 表示在 5% 水平上显著，* 表示在 10% 水平上显著，括号内为标准误 SE。

6.4 本章小结

本章进一步分析了城市群空间集聚对城市群污染物分布的塑造。本章内容包括检验和分析污染的中心—外围分布假说，并进一步将视角聚焦在外围污染上，检验分析外围污染的空间结构。另外，本章将行政力量对城市群污染空间结构的影响考虑在内，检验其对城市群污染物分布的塑造。

第一，污染中心—外围结构检验结果显示，在控制城市群固定效应、时间固定效应后，中心城市的工业废水排放强度比外围城市低 19.6%。工业二氧化硫污染排放强度比外围城市少 38.5%，两个系数均在 1% 的水平上显著。无论是工业废水排放还是工业二氧化硫排放，中心城市的排放强度均相对外围城市更低，呈现出中心低外围高的污染物分布结构。进一步分析城市群空间集聚对污染中心—外围结构形成的塑造效应发现，城市群空间集聚每增加 1%，会降低中心城市的工业废水污染 0.549%，降低外围城市的工业废水污染 0.098%，降低中心城市的工业二氧化硫污染 1.011%，但未显著降低外围城市的工业二氧化硫排放。城市群空间集聚促使污染在城市群空间上形成中心低外围高的分布结构。

第二，经检验发现，城市群外围城市污染存在圈层结构，但在污染物上存在异质性表现。环中心城市带（距中心城市 100 千米内的城市）的工业二氧化硫污染排放较参考外围城市（距中心城市 100~300 千米的外围城市）更低，远中心外围城市（距中心城市 300 千米以外的城市）的大气污染显著高于参考外围城市，但这一圈层结构并未出现于工业废水污染上。在此基础上，进一步分析城市群空间集聚对外围城市污染圈层形成的影响，结果显示，对于城市群内圈城市而言，城市空间集聚显著降低了内圈城市的工业二氧化硫和工业废水排放，内圈城市拥有在"借用"中心城市规模的同时规避拥挤负效应的优势。城市群空间集聚并不是造成城市群外圈城市污染严重的原因。尽管外圈污染较为严重，但是城市群外部规模仍旧降低了远中心外围城市的工业废水污染，造成外圈城市污染的原因可能是财政分权和地方激励竞争背景下的边界负效应。

第三，基于属地治理原则，以直辖市为中心的城市群和以省会为中心的城市群可能在外围污染方面存在异质性表现。本章从直辖市城市群的中心—外围污染极差的异质性表现，以及跨省外围城市（与中心城市非同省）与同省外围城市（与中心城市同省）的污染异质性表现两方面进行介绍。其一，剔除远中心外围城市（与中心城市距离>100 千米），直辖市中心城市群的中心—外围污染差比省会中心城市群的更大。在加入控制变量和城市群固定效应、时间固定效应后，直辖市中心城市群的外围城市（<100 千米）的工业废水排放强度比中心城市高0.784，工业二氧化硫排放强度比中心城市高 2.287，而这个差距在省会中心城市群分别只有 0.529 和 1.317。这一异质性表现的可能原因是，直辖市中心城市群的外围城市属于另一个省级行政区域，省会中心城市群的外围城市则属于同一省级行政区域，行政力量限制了省会中心城市群的中心污染外迁。其二，跨省外围城市的污染排放强度显著高于同省外围城市。剔除非边界城市、控制边界效应后，跨省边界外围城市和同省边界外围城市的工业废水排放强度的差异不再显著，但工业二氧化硫排放强度的差异仍然存在，且并未有多少改变。跨省外围城市的工业污染排放强度高并不是边界效应的作用结果。进一步分析城市群对该结果的作用发现，城市群的空间集聚并不是形成跨省外围城市污染显著高于同省外围城市异质性的原因，甚至城市群空间集聚加剧了同省边界外围城市的工业废水污染。这种结果出现的可能原因是行政分割，空间集聚减弱了行政分割对跨省外围城市工业废水污染的加剧作用。

第7章 城市群空间集聚影响
环境污染的作用机制研究

第5章、第6章的研究已经表明，城市群空间集聚对污染物排放强度和污染物分布都会产生影响。然而，对于这些影响的具体作用机制，仍然需要进行更深入的探究。因此，本章将进一步探讨城市群空间集聚对环境污染的作用机制，以检验假说2.1及假说2.2。

7.1 城市群空间集聚影响污染物排放的作用机制

7.1.1 基于城市群技术创新视角

Grossman 和 Krueger（1991）将贸易对环境污染的影响归纳为"规模效应""技术效应""结构效应"，城市在参与自由贸易、嵌入国内国际大市场的过程中可能会促进生产技术进步进而降低污染物排放强度。在城市群体系中的城市不仅可以通过自身的人口规模集聚加快技术创新，还能享受到城市群其他城市总体的知识技术外溢。城市群的市场互动还会促进创新主体的知识重组，加快知识互补，促进知识、信息、技术产品、人才等创新要素的流动，产生协同创新效应。

空间聚集正是通过技术外溢、协同创新等方式促进企业能源利用效率提高、绿色生产效率增强，进而通过技术效应途径降低环境污染。本章使用城市的发明专利授权量作为作用机制变量进行检验，结果如表7-1所示。

表7-1 基于城市群技术创新视角的机制检验

变量	lnpatent	lnpatent
ln*isize*	0.670*** (0.163)	1.250*** (0.196)
ln*esize*	1.122*** (0.374)	1.425*** (0.380)
控制变量	未控制	控制
城市固定效应	控制	控制
城市群固定效应	控制	控制
时间固定效应	控制	控制
Adj R^2	0.963	0.967
观测值	1452	1452
城市个数	132	132

注：***表示在1%水平上显著，**表示在5%水平上显著，*表示在10%水平上显著，括号内为标准误SE。

从表7-1可以看出，本地城市规模和城市群外部规模均促进了发明专利的研究密度，城市群外部规模的影响系数比本地城市规模的影响系数大。在控制城市固定效应、城市群固定效应和时间固定效应，但未加入控制变量时，本地城市规模每增加1%，发明专利授权数相应增加0.67%；城市群外部规模每增加1%，发明专利数相应增加1.12%。加入控制变量后，本地城市规模系数增加至1.25%，城市群外部规模系数增加到1.43%。但加入控制变量并不改变结果，以上系数均在1%水平上显著。可见，城市规模扩张以及嵌入城市群生产网络中会促进本地城市生产技术革新，而由于嵌入城市群网络可以加速知识在城市间流动、传播、互补和重组，城市群外部规模还会给本地城市技术带来额外的协同创新效应。

7.1.2 基于城市群产业结构优化视角

生产主体、要素在空间上自然聚集形成城市，工业化进程加快了城市、城镇的规模扩张、融合，具有不同地理、自然、交通条件的城市、城镇逐渐形成不同规模、不同功能分工但相互依存发展的城市体系。城市群在更大空间范围内实现产业的分工和关联，促进了城市功能分工的深化。伴随这一过程，生产性服务业将进一步集中，和制造业共同形成多样化产业集群，促使制造业企业将内置的中间服务环节外包给专业化更强的生产性服务业，"发挥贸易代替生产"的效应，降低制造业生产成本和交易成本，促进企业向价值链上游攀升，从而降低污染物排放（韩峰和谢锐，2017）。城市体系理论指出，等级规模较大的城市会发展成多样化的产业结构，产业分工细化，知识在不同产业间互补拓展创新（Glaeser，1992），推动制造业绿色发展。

借鉴赵勇和白永秀（2012）的方法，以中心城市"生产性服务业从业人员/制造业从业人员"与外围城市"生产性服务业从业人员/制造业从业人员"来测度城市群产业分工结构。计算公式为

$$div_i(t) = \frac{\sum\limits_{k=1}^{N} L_{cks}(t) \Big/ \sum\limits_{k=1}^{N} L_{ckm}(t)}{\sum\limits_{k=1}^{N} L_{pks}(t) \Big/ \sum\limits_{k=1}^{N} L_{pkm}(t)} \qquad (7.1)$$

式中，c 为中心城市；p 为外围城市；m 为制造业；s 为生产性服务业；$\sum\limits_{k=1}^{N} L_{cks}(t)$ 为 t 时期城市群中心城市的所有生产性服务业从业人数。同理，该指标表示为中心城市的生产性服务业从业人员和制造业从业人数比与外围城市的生产制造行业从业人数比之比。借鉴席强敏等（2015）的划分方法，将交通运输仓储邮政、信息传输计算机服务和软件、批发零售、金融、租赁和商业服务、科学研究和技术服务、环境治理和公共设施管理7个行业合并代表生产性服务业。生产性服务业数据来自《中国城市统计年鉴》，由于2020年细分行业就业人数指标未公布，这里我们采用非平衡面板回归。作用机制检验结果如表7-2所示。

表 7-2　基于城市群产业结构优化视角的机制检验

变量	lndiv	lndiv
ln$isize$	−0.758** (0.376)	1.145** (0.448)
ln$esize$	6.368*** (0.950)	8.261*** (0.968)
控制变量	未控制	控制
城市固定效应	控制	控制
城市群固定效应	控制	控制
时间固定效应	控制	控制
Adj R^2	0.963	0.967
观测值	1452	1452
城市个数	132	132

注：***表示在 1%水平上显著，**表示在 5%水平上显著，*表示在 10%水平上显著，括号内为标准误 SE。

　　表 7-2 列 1 为控制城市、城市群、时间固定效应，但未加入控制变量的模型，结果显示城市群外部规模显著增加了城市群的产业分工程度，城市群外部规模每增加 1%，城市群的产业分工水平相应增加 6.368%，这个结果在加入控制变量后依旧稳健（见列 2）。而本地城市规模对城市群空间分工深化的作用并不稳健，列 1 未控制其余变量时本地城市规模显著为负，加入控制变量后该系数又显著为正，可见其对城市群分工优化的作用完全依赖外部城市规模和其余变量，其本身对城市群分工优化不起作用。这些结果表明，城市群外部规模的扩大促进了城市群生产分工深化，通过促进服务专业化和制造业中间服务外包推动生产成本降低，以及生产有序和精细化，从而推动产业由中低端向高端转变，实现生产的低碳化、能源的效率化。

7.1.3　基于城市群污染治理协同视角

在现实环境中，污染具有很强的外溢性，譬如水污染会随着地下水或者河流向下流外溢，或者在污染边界集中排放向相邻城市溢出，大气污染存在自然的"空气分水岭"，但与行政边界无关，大气污染非常容易蔓延到其他城市。但在属地治理情况下，污染的外溢性导致环境污染的责任属地难以界定，造成治理低效或重复治理的后果。各自为政的污染治理方式无法行之有效地改善区域整体的环境质量，只有区域协同治理、有效治理，突破行政边界，才能改善整体的污染物排放情况。2013—2014 年，京津冀、长三角和珠三角依次建立大气污染防治协作机制。长三角建立区域大气污染防治协作小组，珠三角建立大气污染联防联控技术示范区。三个主要城市群均形成了大气污染治理联盟，拉开了区域联合治理的帷幕。尽管其他城市群没有形成官方的治理联盟，但地理接近、经济联系频繁的接壤区域在污染治理的政策事实上具有较高的默契程度，一定程度上产生协同治理的效果。城市群空间集聚促进了区域的经济关联，加深了区域共同发展的意愿，从而促进了地区之间的合作治理。因此，我们认为城市群的发展形式有助于形成污染的联合治理，进而降低城市群环境污染。

这里借鉴了徐维祥（2015）和胡志高等（2019）的方法构建环境治理协同度指标。构建公式如下：

$$CG = \left\{ \left[\prod_{i=1}^{n} r_i \Big/ \left(\frac{1}{n} \sum_{i=1}^{n} r_i \right)^n \right]^k \left(\sum_{i=1}^{n} \alpha_i r_i \right) \right\}^{\frac{1}{2}} \qquad (7.2)$$

式中，CG 为治理协同度；r 为环境规制水平；i 为省份；n 为城市群内省份数量；k 为调整系数，参考胡志高等（2019）的设置，$k = 2$；α 为权重，这里平均赋权。

关于环境规制水平，前面给出的地方环境规制水平由省级层面的环境治理投资总额和地区生产总值的比例代理。因此，在计算城市群污染治理协同程度时，本章以省级行政区和直辖市为主要治理属地，默认同省的城市更容易突破行政分割，跨省行政分割是阻碍协同治理的主要原因（张可，2018）。这里将城市群看作直辖市和省级行政区的治理小组，各小组情况如下，京津冀城市群包括北京市、天津市、河北省；长三角城市群包括上海市、江苏省、浙江省、安徽省；长江中游城市群包括湖北省、湖南省、江西省；成渝城市群包括重庆市、四川省；中原城市群包括河南省、安徽省、山西省；关中平原包括陕西省和甘肃省；珠三角城市并不存在跨省现象，这里直接将省级环境规制水平代入公式进行计算，得到虚拟的协同度。通过计算，表 7-3 给出了基于城市群污染协同治理视角的机制检验。

表 7-3　基于城市群污染协同治理视角的机制检验

变量	lncg	lncg
ln$isize$	0.185 (0.244)	1.430*** (0.282)
ln$esize$	1.436*** (0.560)	2.596*** (0.551)
控制变量	未控制	控制
城市固定效应	控制	控制
城市群固定效应	控制	控制
时间固定效应	控制	控制
Adj R^2	0.648	0.705
观测值	1452	1452
城市个数	132	132

注：***表示在1%水平上显著，**表示在5%水平上显著，*表示在10%水平上显著，括号内为标准误 SE。

从表 7-3 的结果可以看出，城市群的外部城市规模均显著加强了污染治理的协同程度。列 1 给出了控制城市固定效应、城市群固定效应和时间固定效应，但没有加控制变量的模型结果，其中城市群外部规模显著为正，外部规模每增加1%，污染治理协同程度相应增加 1.436%，本地城市规模不显著。加入控制变量后，城市群外部规模依旧显著为正，且系数增加至 2.596%，本地城市规模也显著为正，系数为 1.430%。相较而言，城市群外部规模对治理协同度的影响较稳健。这表明城市群对群内城市的外部规模影响显著地增强了治理协同度，即群内其他城市规模越大，与本地城市距离越相近，则协同治理效果越好。而协同治理有助于突破行政边界，有效限制污染外溢、低效治理和重复治理，减少城市群环境整体的污染物排放。

以上是以城市群中省和直辖市为区域单位的城市群小组协同治理，我们还基于环境处罚案件数据以城市群地级市为单位计算污染治理协同程度。由于2014 年之前很多城市没有环境处罚判决案例，我们对这部分数据予以删除，相应地，如果某年某城市没有环境处罚判决案例，则默认该城市未参与地区环境协同治理，用于计算城市群协同度的协同单位 n 相应减少。结果得到非平衡的城市群城市层面环境治理协同度。表 7-4 给出机制检验结果，本地城市规模和城市群外部规模显著降低了城市群城市层面的治理协同度。一方面，产生这种结果的原因可能是城市每年环境处罚判决案例数的随机性较大，同时前后年份的差异很大（2011—2014 年多为 0 值和个位数，2017—2020 年多为百位数、千位数），导致治理协同度序列不平稳。另一方面，协同治理的属地单位越多，越难以达成合作，协同治理应减少决策单位，多以省级行政区域协同为主。

表 7-4　基于环保处罚方面污染协同治理机制检验

变量	lncg_epn	lncg_epn
ln*isize*	−0.289 (0.390)	−1.687*** (0.469)
ln*esize*	−4.912*** (1.032)	−4.677*** (1.061)
控制变量	未控制	控制
城市固定效应	控制	控制
城市群固定效应	控制	控制
时间固定效应	控制	控制

变量	lncg_epn	lncg_epn
Adj R^2	0.519	0.705
观测值	1097	1097
城市个数	132	132

注：*** 表示在 1% 水平上显著，** 表示在 5% 水平上显著，* 表示在 10% 水平上显著，括号内为标准误 SE。

7.2　城市群空间集聚影响污染物分布的作用机制

7.2.1　基于城市群中心—外围产业布局视角

正如 7.1.2 节推演的结果，城市群的空间集聚将促进产业在城市间的分工。阿卜杜勒-拉赫曼和藤田（1990，1993）将生产范围经济引入城市体系中，假设多种产品在同一城市生产时的固定成本低于分开生产，在这种范围经济的背景下，城市体系最终分为专业化城市和多样化城市。另外，服务的跨城市贸易也促进了这个结果的产生，一些生产性服务业如金融、科研、广告等存在跨城市服务，而商品和服务的贸易成本差距促使城市体系中发展出专业化城市和多样化城市（阿纳斯，2004）。而正如前面所分析的，规模较大的城市容易形成多样化的产业集聚，通过各种各样的生产性服务产品补足产业链条，促进城市劳动生产率提高，进而推动城市清洁化生产。外围城市则容易形成专门生产某种商品的专业化城市，同时向中心城市购买服务，显然专业化生产制造品的城市污染物排放更强。在这种产业布局和分工下，城市群污染呈现中心低外围高的分布。因此我们引入产业分工这种作用机制解释污染中心—外围分布的形成。这里借鉴 Duranton

和 Puga（2005）的城市功能专业化指标以及赵勇和魏后凯（2015）的指标构建办法，采用服务业就业人数和制造业就业人数的比值超过城市群平均比值的部分表示中心—外围城市功能分工 *rfd*，公式如下：

$$rdf_i = \frac{S_i/M_i}{S_c/M_c} \qquad\qquad (7.3)$$

式中，i 为城市，c 为城市群；S 为生产性服务业就业人数；M 为制造业就业人数。

基于城市群中心—外围产业布局视角的机制检验如表 7-5 所示，从中心城市、外围城市的分组机制检验来看，城市群的外部规模显著增加了中心城市的功能分工指数，即生产性服务业从业者较制造业从业者相对更多，生产性服务业在城市群空间集聚的促进下进一步向中心城市聚集，而外围城市呈现相反的趋势，通过专门从事某一商品的制造，以提升城市制造业比例，从而产生专业化外部性，在生产过程中需要的服务则通过向中心城市购买来满足。城市群的这种产业分化同时提高了中心城市的雅各布斯外部性和外围城市的马歇尔外部性，促进了各自的劳动生产活动，降低了生产交易成本，从整体上降低城市群污染物排放量。但这种产业布局也促使中心城市和外围城市产生不同的污染物排放强度，形成污染的中心—外围分布。

表 7-5　基于城市群中心—外围产业布局视角的机制检验

变量	中心城市		外围城市	
	ln*rdf*	ln*rdf*	ln*rdf*	ln*rdf*
ln*isize*	1.209 **	2.318 ***	0.004	− 0.362 ***
	(0.496)	(0.661)	(0.028)	(0.050)
ln*esize*	2.157 ***	2.332 ***	− 0.600 ***	− 0.490 ***
	(0.588)	(0.431)	(0.046)	(0.046)
控制变量	未控制	控制	未控制	控制
城市群固定效应	控制	控制	控制	控制
时间固定效应	控制	控制	控制	控制

变量	中心城市		外围城市	
	ln*rdf*	ln*rdf*	ln*rdf*	ln*rdf*
Adj R^2	0.122	0.802	0.203	0.275
观测值	110	110	1341	1341
城市个数	10	10	122	122

注：＊＊＊表示在1%水平上显著，＊＊表示在5%水平上显著，＊表示在10%水平上显著，括号内为标准误SE。控制变量中的产业结构与功能分工系数有很强的相关性，将其去掉。

7.2.2　基于城市群人力资本分化视角

（1）人力资本分化。城市的发展和人力资本的积累息息相关，高技能劳动力本身具有更高的生产率，高技能劳动力聚集在城市进一步产生集聚外部性，进而产生更丰富的创造能力和新兴生产技术，促进企业节能减排式发展。人口城镇化也会带来集约效应，有助于降低单位产出的污染物排放水平，同时密集的居住方式还会通过发展公共交通、提倡清洁能源和垃圾分类从服务和消费端降低污染（逯进等，2022）。人力资本结构高级化还有利于通过提高技术创新促进经济向高质量发展转型（廖楚晖和杨超，2008；景维民等，2019）。

而人力资本和劳动力技能资本在城市间的积累程度不同。城市体系理论给出城市间的劳动力技能分布，大城市的劳动力技能呈现多样化分布，小城市的劳动力倾向于拥有专门化的技术，结果导致了城市工人在城市间的技能分布扩大。梁文泉和陆铭（2015）认为，高技能劳动力和低技能劳动力之间存在互补关系，且高技能劳动力在大城市的积累可以吸引更多的高技能劳动力聚集，城市间的人力资本水平逐渐分化。城市群的规模越大，经济越集聚，人力资本在中心城市和外围城市间的分化水平越高。梁文泉和陆铭（2015）根据2005年的人口普查数据对此大小城市的高低技能劳动者数量，发现大城市具有更高比例的高技能和中等技能劳动者。另外，中心城市落户政策产生了锁定效应。譬如上海的落户打分制，落户积分计算向高技能水平劳动力倾斜。

在以上分析中，城市群空间集聚促进了人力资本在中心城市和外围城市间的分化，进而实现了中心城市的高质量发展，外围城市作为中心城市的劳动力竞争者，需付出更大的成本吸引高技能劳动力，这也反过来促使外围城市选择资本密集型的生产方式，加重了外围污染。本节通过引入人力资本作为机制变量，考察人力资本在中心城市和外围城市间的分化对污染物分布的影响。这里用城市的普通本科及以上学历在校生数/全市常住人口表示人力资本水平。基于城市群人力资本分化视角的机制检验如表7-6所示。

表7-6 基于城市群人力资本分化视角的机制检验

变量	中心城市		外围城市	
	ln$hcap$	ln$hcap$	ln$hcap$	ln$hcap$
ln$isize$	0.935*** (0.142)	1.475*** (0.297)	−0.042 (0.040)	0.160*** (0.062)
ln$esize$	4.056*** (0.168)	3.274*** (0.209)	−0.004*** (0.066)	−0.269*** (0.056)
控制变量	未控制	控制	未控制	控制
城市群固定效应	控制	控制	控制	控制
时间固定效应	控制	控制	控制	控制
Adj R^2	0.924	0.967	0.147	0.462
观测值	110	110	1341	1341
城市个数	10	10	122	122

注：***表示在1%水平上显著，**表示在5%水平上显著，*表示在10%水平上显著，括号内为标准误SE。

由表7-6可知，城市群空间集聚显著提高了中心城市的人力资本，本地城市规模的扩张也对人力资本有正面作用。但城市群的外部规模显著降低了外围城市群的人力资本，这一结果在加入控制变量和没加入控制变量两种情况下均显著为负。这表明城市群集聚对城市群人力资本分化具有促进作用，而大城市的倾向性落户政策锁定了这一作用。这种人力资本的空间分化通过人力资本集聚的外部性促进了中心城市高质量低污染式发展，高技能劳动工人的流失也促使外围城市发展资本密集型产业，加重外围污染。

（2）高低技能劳动力互补。高技能劳动力的聚集不仅可以吸引高技能劳动力继续集中，还会吸引与其技能互补的低技能劳动力向大城市集中。陆铭等（2012）指出，对于高技能劳动者而言，低技能劳动者能够提供类似于打扫卫生、保姆、打字等重复性劳动的低技能服务，补充高技能劳动者的机会成本。而中等技能劳动者和低技能劳动者通过与高技能劳动者的社会互动、面对面交流产生学习效应，获得城市多样化劳动力结构的知识外部性，从而提高城市劳动生产率，推动城市向节能低碳方向发展。这种技能互补也多存在于中心城市中，城市群集聚加深了中心城市对外围高技能工人的虹吸效应，促进了技能结构在城市间分化，进而推动了城市间不同质量的经济发展。这里我们在前面的基础上进一步基于高低技能劳动力互补视角进行补充分析。参考陆铭等（2012）的研究，将信息、金融、科学研究等行业作为高技能服务业，将交通仓储、批发零售、居民服务等行业作为低技能服务业①，将制造业作为吸纳中等技能劳动力的主要行业，以此得到城市的高技能劳动力数。这里设置高技能劳动力占比（hl）、低技能劳动力占比（ll）和高低技能劳动力比例（sl）来分析城市群技能互补效应。

由表 7-7 可知，城市群外部规模对中心城市高技能劳动占比具有显著正向作用，同时对低技能劳动占比也具有显著提高作用，而对高低技能比例也具有显著正效应。这表明城市群的规模效应不仅提升了中心城市的高技能劳动力占比，也提升了低技能劳动力占比，呈现出技能互补的情况，而根据高低技能劳动力比例的系数来看，中心城市对高技能劳动力的吸引力大于对低技能劳动力的吸引力。这一技能分化情况在外围城市是相反的，即城市群越集聚外围城市的高技能劳动力占比和低技能劳动力占比均呈现降低的趋势，体现了技能工人在中

---

① 高技能服务业主要包括信息传输、计算机服务和软件业，金融业，房地产业，租赁和商务服务业，科学研究、技术服务和地质勘查业，环境和公共设施管理业，教育、卫生、社会保障和社会福利业，文化、体育和娱乐业，公共管理和社会组织，以及国际组织；低技能服务业主要包括交通运输、仓储和邮政业，批发和零售业，住宿和餐饮业，居民服务和其他服务业。

心城市和外围城市间的分化、中心城市对外围城市技能工人的虹吸现象。从高低技能劳动力比例的系数来看，中心城市的系数大于外围城市，外围城市的高技能劳动力流失比例大于低技能劳动力流失比例。中心城市对外围城市人才的虹吸作用进一步促进中心城市高质量、绿色发展。外围城市在虹吸现象下则聚集了更多的中等技术工人（ml），呈现高排放的制造业生产（见表7-8），形成了外围高排放的污染分布。

表7-7 基于高低技能劳动力互补视角的机制检验

变量	中心城市			外围城市		
	lnhl	lnll	lnsc	lnhl	lnll	lnsc
ln$isize$	0.538 (0.445)	−1.908** (0.765)	−0.271 (0.448)	−0.310*** (0.041)	−0.067 (0.042)	−0.150*** (0.041)
ln$esize$	0.632** (0.290)	1.798*** (0.556)	0.730** (0.316)	−0.186*** (0.038)	−0.310*** (0.046)	0.126*** (0.037)
控制变量	控制	控制	控制	控制	控制	控制
城市群固定效应	控制	控制	控制	控制	控制	控制
时间固定效应	控制	控制	控制	控制	控制	控制
Adj R^2	0.881	0.400	0.684	0.601	0.147	0.215
观测值	110	110	110	1341	1341	1341
城市个数	10	10	10	122	122	122

注：***表示在1%水平上显著，**表示在5%水平上显著，*表示在10%水平上显著，括号内为标准误SE。控制变量中的产业结构与高技能工人占比和低技能工人占比有很强的相关性，将其去掉。

表7-8 对外围城市形成制造业工人集聚的进一步检验

变量	中心城市	外围城市
	lnml	lnml
ln$isize$	−1.445 (0.378)	0.084* (0.041)

变量	中心城市	外围城市
	lnml	lnml
ln$esize$	-1.496*** (0.246)	0.247*** (0.046)
控制变量	控制	控制
城市群固定效应	控制	控制
时间固定效应	控制	控制
Adj R^2	0.782	0.330
观测值	110	1341
城市个数	10	122

注：***表示在1%水平上显著，**表示在5%水平上显著，*表示在10%水平上显著，括号内为标准误 SE。

7.2.3　基于中心—外围环境规制极差视角

现有的文献普遍认为环境规制的增强加快污染企业退出或转移。譬如"污染避难所假说"认为，污染企业会向环境规制水平较低的地区转移，以达到规避高额环境税的目的。Copeland 和 Taylor（1994）的"污染天堂假说"假设了两个具有不同环境税和人力资本禀赋的城市，结果显示，污染型生产会集中在环境规制水平低的城市，形成"污染天堂"现象。在城市群的发展过程中，往往会出现中心城市规制水平相对外围城市更高的现象。以北京市和上海市为例，这两个中心城市均出台了类似产业结构调整、限制和淘汰的指导目录，北京还提出将不符合首都城市战略功能定位的工业企业和生产工艺有序淘汰。在这种污染企业退出政策下，北京市高污染行业如黑色金属冶炼、有色金属冶炼、造纸业企业数量下降约3/4（徐志伟等，2020）。这种城市群空间上的环境规制强度极差是如何形成的？从城市经济学的角度来看，当城市的生产活动在中心集聚时，将推动中心区位的地租及其他要素价格，同时基于共享机制的城市公共设施的共享拥挤成本增加，形成离心力抑制中心集聚。除拥挤成本外，随着生产活动和人群日常活动密度的增加，环境污染加剧，对一个地区产生生态破坏。而且随着人口居住密度的增加，个体除承担自己污染的环境成本外，还承担其他个体污染带来的环境后果，这种负向效应随着规模和密度的扩大而边际扩大。正是出于这种原因，较大规模的中心城市的环保努力程度、公众环保意识会显著高于外围城市，并且随着城市群空间集聚规模的扩大，中心城市密度将进一步增大，其城市居住个体承担的负向效用更恶劣，中心城市的环保努力程度就会提升，与外围城市形成环境规制极差。另外，工业发展进程也决定了中心城市将逐步向外退出污染密集型的制造业，发展现代生产性服务业进行补充，而现代服务业的发展也需要清洁化的城市环境。高技能人才在中心城市的聚集不仅会提高城市劳动生产力水平，还会对城市环境质量改善提出更高的诉求。在这些现实情形的影响下，政府对中心城市的环境要求会更高，中心城市的环境规制强度自然水涨船高。

为了证实这种作用机制，本节引入中心城市和外围城市的环境规制水平作为机制变量进行检验。这里采用 2011—2020 年城市环保处罚案件统计数据分析环境规制水平。从城市环保处罚案件来看，环保处罚案件数逐年增强，2011—2014 年很多城市并无环保处罚案件判决，随着 2014 年最严格的《环境保护法》修订通过，环境处罚判决案件显著增加。对于 2011—2014 年缺乏环保处罚案件数的城市，我们将其规制强度看作 0，最终得到 2011—2020 年城市环境规制强度。基于中心—外围环境规制极差的机制检验如表 7-9 所示。

表 7-9　基于中心—外围环境规制极差的机制检验

变量	中心城市		外围城市	
	lnepunish	lnepunish	lnepunish	lnepunish
lnisize	1.468 **	1.233	0.581 ***	0.349 **
	(0.712)	(2.094)	(0.073)	(0.140)
lnesize	1.943 **	3.234 ***	0.254 **	0.134
	(0.834)	(1.468)	(0.122)	(0.128)
控制变量	未控制	控制	未控制	控制

变量	中心城市		外围城市	
	lnepunish	lnepunish	lnepunish	lnepunish
城市群固定效应	控制	控制	控制	控制
时间固定效应	控制	控制	控制	控制
Adj R^2	0.886	0.901	0.601	0.609
观测值	100	100	1220	1220
城市个数	10	10	122	122

注：＊＊＊表示在1%水平上显著，＊＊表示在5%水平上显著，＊表示在10%水平上显著，括号内为标准误SE。由于环境处罚案件存在很多0值，这里将变量先加1再取对数。剔除高相关的第二产业占比控制变量。

由表7-9可知，城市群外部规模显著提高了中心城市的环境规制水平。从结果的第1、第3列来看，在控制城市群固定效应和时间固定效应而未加入控制变量时，城市群外部规模显著提升了中心城市和外围城市的环保规制强度，但对中心城市的增幅（1.943%）显然大于对外围城市的增幅（0.254%），城市本地规模也有相同的趋势。在控制其余变量后，城市群外部规模仍旧显著提升中心城市的环境规制强度，但对外围城市的增幅不再显著。对外围城市而言，城市本地规模的扩大也提升了本地环境规制水平。从这些结果来看，城市群集聚进一步加深了中心城市和外围城市的环境规制极差，这种极差减弱了中心城市对污染企业的聚集作用（本地市场效应），促使企业向外围城市转移。韩旭（2020）从产业组织理论出发指出区域一体化对产业转移成本高的污染产业转移具有促进作用。徐志伟等（2020）研究发现当中心城市的环境规制强度显著高于外围地区时，污染企业的环境成本增加，形成离心力促使企业向外退出，在中心城市的边界处形成一圈污染"灰边"。可见城市群区域一体化推动了城市间形成中心—外围环境极差，进而使污染在城市间形成中心低外围高的空间结构。

7.3 本章小结

本章在基础回归的基础上，探讨了城市群空间集聚影响环境污染的作用机制。一方面，本章对城市群空间集聚的环境效应进行了机制检验，通过技术溢出（*tech*）、产业结构优化［功能分工指数（*div*）］和污染治理协同（*CG*）三个渠道分析了城市群空间集聚对环境污染物排放的传导机制；另一方面，通过产业布局（*rdf*）、人力资本分化（*hcap*）和环境规制极差（*epunish*）三个途径分析了城市群空间集聚对污染空间结构的塑造机制。

第一，城市群空间集聚对环境污染物排放的传导机制分析。首先，本章选取了城市发明专利授权总量的对数来代理技术创新机制，机制检验结果显示，本地城市规模和城市群外部规模均促进了发明专利的研究密度，城市群外部规模的影响系数比本地城市规模的影响系数更大。本地城市规模每增加1%，发明专利授权数相应增加1.25%；城市群外部规模每增加1%，发明专利数相应增加1.43%。可见，城市规模扩张和嵌入城市群生产网络中会促进本地城市生产技术革新，而由于嵌入城市群网络可以加速知识在城市间的流动、传播、互补和重组，城市群外部规模还会给本地城市技术带来额外的协同创新效应。其次，本章采用赵勇和白永秀（2012）的方法，通过利用中心城市和外围城市"生产性服务业从业人员/制造业从业人员"之比来测度城市群产业分工结构。结果显示，城市群外部规模显著提升了城市群的产业分工程度，城市群外部规模每扩大1%，城市群的产业分工水平相应提升6.368%。而本地城市规模对城市群空间分工深化的作用并不稳健。城市群外部规模的扩充促进了城市群生产分工的深化，城市群逐渐聚集科研、金融、租赁等生产性服务业并完善城市群整体功能建设。生产服务功能专业化通过推动制造业中间服务外包降低生产交易成本，实现城市群经济高质量发展。最后，本章选取胡志高等（2019）的环境治理协同度指标构建方法，从环境治理协同视角分析了城市群空间集聚的环境效应。城市群的外部城市规模显著加强了污染治理的协同程度。城市群外部规模每扩大1%，污染治理协同度相应提升2.596%。这表明城市群内其他城市规模越大，与本地城市距离越近，带来的合作治理效果越好。协同治理通过突破行政边界，限制污染外溢、低效治理和重复治理来降低城市群环境整体污染物排放。笔者将污染治理的属地单位换成地级市，环境规制指标改为环境处罚案例数后，上述结果不再稳健，可见协同治理的属地单位越多，越难以达成合作，因此协同治理应减少决策单位，多以省级行政区域协同为主。

第二，城市群空间集聚对污染空间结构的塑造机制分析。首先，本章以城市生产性服务业和制造业分工情况来研究城市间的产业布局，城市群空间集聚可能通过塑造城市间的产业分布来影响污染物的分布。结果显示，城市群的外部规模显著增加了中心城市的功能分工指数，城市群空间集聚促进生产性服务业进一步向中心城市聚集，外围城市则专门从事某一商品的制造，通过制造业集聚产生专业化外部性，向中心城市购买中间服务来满足服务需求。城市群的这种产业布局分化同时增强了中心城市的雅各布斯外部性和外围城市的马歇尔外部性，促使中心、外围城市产生不同的污染物排放强度，形成污染的中心—外围分布。其次，人力资本的积累、人口城镇化也会促进城市高质量发展。本章选取万人在校大学生数作为人力资本进行分析，结果显示，城市群空间集聚显著提高了中心城市的人力资本，但显著降低了外围城市群的人力资本。城市群集聚通过促进城市群人力资本分化来推进中心城市的低污染发展、外围城市资本密集型（污染型）发展。从技能互补视角来看，城市群集聚提升了中心城市高技能劳动力占比，同时加大了对低技能劳动力的引入，外围城市则相反，高技能劳动力占比和低技能劳动力占比均呈现降低趋势，城市群集聚促进了高低技能劳动力在城市间的分化。中心城市对外围城市的高技能劳动力具有虹吸作用，技能分化促进了城市群形成中心低外围高的污染结构。最后，本章采用环境处罚案例数分析城市群中心—外围环境极差的形成和对污染物分布的塑造。结果显示，城市群外部规模显著增加了中心城市的环保规制强度，而对外围城市作用不明显。城市群集聚加深了中心—外围城市的环境规制极差，形成了离心力促使污染企业向外退出，进一步影响了污染物在城市间形成中心—外围空间结构。

第8章 结论、建议和展望

8.1 研究结论

在经济全球化背景下，城市群作为参与全球竞争的主要区域单元，研究城市群发展的可持续性和对环境的影响有利于进一步形成以城市群为主体的城镇化发展模式。本书主要分析了城市群空间集聚对污染物排放和分布的影响。通过分析和研究，本书得到以下主要结论。

（1）城市群空间集聚对城市污染物排放总量有加剧和减排两种作用，并具有异质性。城市群空间集聚显著加剧了工业废水污染排放强度，但对工业二氧化硫污染具有一定的减排作用。本地城市化进程也显著抑制了工业二氧化硫排放强度。在替换核心变量后，城市群空间集聚对工业二氧化硫排放的影响依旧稳健。进一步考察城市群集聚对大气污染的影响发现，城市群集聚对城市碳排放总量有显著的降低作用。在异质性分析中，沿海城市群对工业废水的治理效应相比内陆城市群更强，但内陆城市群对工业大气污染排放的抑制效应相比沿海城市更强。少中心城市群对工业废水污染的加剧作用低于多中心城市群，多中心城市群对环境污染较难产生疏解作用。

（2）城市群污染物分布呈现中心低外围高的空间结构，城市群空间集聚对城市间污染物分布具有一定的塑造作用。城市群呈现污染物从中心向外扩散的空间结构，表现为中心城市污染低而外围城市污染高，外围城市的工业大气污染随着与中心城市的距离增大而增强。城市群空间集聚促使污染在城市群空间上形成中心低外围高的分布结构，并显著降低了城市群内圈的大气污染强度，但这不是大气污染在城市群外圈高污染的原因，外圈大气污染高可能是由于边界负效应的作用。在异质性检验中，直辖市中心城市群的中心—外围污染极差相对省会中心城市群更高，跨省份外围城市工业污染强度相比同省份外围城市更高。城市群空间集聚不是直辖市中心城市群外围污染高于省会中心城市群的原因，也不是跨省份外围城市工业污染高于同省份外围城市的原因，行政分割可能是产生这种结果的原因。

（3）城市群集聚通过技术创新、产业结构优化和污染治理协同等机制影响环境污染。通过实证研究发现，城市群互动促进了城市间的知识流动、传播、重组和互补，产生了知识溢出外部性；城市群集聚加快了城市群内部的产业分工，推动了服务专业化和城市功能化，促进了制造业服务外包，延长了产业链，价值链地位得到了攀升。以上两种机制均提高了城市劳动生产率，降低了生产交易成本，完善了城市功能化建设，促进了城市向高质量绿色发展转型。此外，城市群集聚促进了区域环境治理的协同程度，推动了区域环境治理小组形成，拉开了区域合作治理帷幕。环境协同治理有助于减弱行政分割带来的重复治理和低效治理，也是限制边界污染的重要方式。

（4）城市群空间集聚以产业布局、人力资本分化、环境规制极差作为作用机制塑造城市群污染空间结构。研究发现，城市群空间集聚有助于形成中心城市功能化、外围城市制造专业化的产业布局，分别在中心城市和外围城市形成雅各布斯多样化外部性和马歇尔专业化外部性，促进企业生产活动提质增效。城市群空间集聚促使人力资本在城市间分化，进一步推动形成中心城市高低技能人才互补、外围城市制造技术人才专业化的局面。城市群空间集聚推高了中心城市地租等生产要素的价格，以及公共设施共享的拥挤成本，促使中心城市的污染边际负效应更高，进而推动了中心城市实施严厉的环境保护措施，与外围城市形成环境规制"剪刀差"。以上三种作用机制共同促进了城市群污染在中心城市和外围城市的异质性分布，塑造了城市群污染的中心低外围高的空间结构。

8.2 政策建议

为了应对城市环境污染问题，政府和社会各界需要采取一系列措施，其中人口城市化和城市群集聚对城市环境和污染物排放具有重要影响。城市群作为区域经济的重要形式，具有人口、产业和资源的集中优势，可以实现多地区协同发展，提高资源利用效率，降低环境污染的强度。因此，促进城市群集聚是当下环境污染治理和经济发展的重要方向之一。然而，要实现城市群集聚与环境污染减排的双赢，需要政府和社会各界采取一系列的政策措施，包括建立和完善环保法律法规、加大环境监管和执法力度、推进环境保护技术和设备的创新等。本书将从政策层面探讨如何促进城市群的集聚，以及如何通过一系列政策措施来实现城市群集聚与环境污染物减排的双赢，以期为城市化进程中的环境治理和经济发展提供有益的参考和借鉴。

（1）继续推动城镇化向都市圈、大都市区、城市群等区域非均衡模式发展，发挥集聚外部性，带动经济环境双重红利。部分研究认为，我国城市化道路应该向以发展小城镇为主的城市化方向努力，这样可以促进农民进城，吸纳农村劳动力，同时缓解大城市的人口压力。然而，分散化的发展既不利于城市生产活动形成规模经济，又会增加环境成本（Glaeser，2013），因此也有研究认为我国应该走以大城市为主的城市化道路。这两种观点都有一定的合理性。事实上，城市群是大城市和小城镇并存的城市体系，既可以保障大城市的集聚规模红利，又降低了劳动力流动的门槛，加快了劳动力要素流动。本书的研究证实城市群的空间集聚对异质性污染物如二氧化硫和碳排放强度具有显著的改善作用，且城市群规模更大的沿海城市群的减排作用更明显，城市群集聚将产生减排和污染边际收敛的效应，且与城市群规模息息相关。党的十九大报告提出"以城市群为主体构建大中小城市和小城镇协调发展的城镇格局"。然而，城市群发展仍存在规模不足、城市主观拼凑和城乡人口流通不畅的问题。因此在制定城市群政策时，应该充分考虑执行性和地域发展异质性，进一步促进东部沿海城市群发展，同时减少盲目跟风的城市群建设，促进城市群依托大城市发展的地域模式。

（2）完善地方政府环境考核制度，加大环境执法力度。城市污染治理效率低下的一大原因在于财政分权和地方经济竞争，地方政府会通过在开发区制定特殊的产业政策，譬如相对宽松的环境政策来吸引污染密集型企业进入，形成污染物在地区间的转移，这种转移不是为了优化产业结构，也不会降低污染物的单位排放强度，而是地方经济竞争的结果。尽管地方政府签订了《"十一五"主要污染物总量削减目标责任书》，将环境目标纳入政府政绩考核中，但为达到环保要求，地方政府的处理办法通常是片面地先关停后开放等粗暴办法，无法形成持久的约束力。针对这种情况应该进一步完善地方政府考核制度，丰富政绩考核中的环保考核方式内容，完善落实管理目标责任制、环保终身责任制等环保考核办法，遏制地方政府为追求发展而造成的"污染天堂"现象。从城市群角度来看，依托城市间功能分工的地区污染转移是符合城市工业化发展趋势的结果，在这个过程中应该注意避免地方通过环境规制竞争以承接污染产业，而应该充分考虑地区经济环境资源差异来制定有针对性的地方环境考核制度，如余泳泽和林彬彬（2022）提出的偏向性污染减排目标，推动污染企业在城市群间的有序转移和承接。

（3）推动城市群内技术共享，助力产业绿色转型。城市群空间集聚通过劳动力流动和产业集群建设在一定程度上推动了知识在不同区域间的流动、交流、互补。但地理尺度仍旧阻碍了学习效应中很重要的面对面交流，使地区间的技术水平有一定的空间延迟性。但这一点可以通过搭建不同地区间的技术交流平台、资源共享平台、数据开放平台，依托网络加速信息、数据的共享和传递，对知识在大空间上的溢出不足进行一定的改善。另外，引导城市间的知识补偿，譬如技术水平较低的城市对知识技术的资金补偿也是促进地区间技术共享的手段之一。

（4）减少行政干预引起的产业同构，降低资源消耗，促进节能减排。城市群空间集聚通过促进产业在城市间分工、促进贸易代替生产来推动多样化城市和专业化城市高质量发展。在这一过程中，中心城市形成研发设计与制造并存的多样化产业集群，外围城市逐渐形成专业化的零部件、加工原材料生产基地。譬如以长三角汽车产业集群为例，上海集合了研发设计、一般零部件制造和整车制造的生产链条，江苏和浙江则发展了以汽车汽摩零配件为主导的产业活动，这种零散化生产、分工互补不仅会带来生产上的规模报酬，还能因提高技术效率产生一定的节能减排作用。然而，城市群的产业布局存在产业同构的现象。城市不顾自身的资源禀赋和劳动力结构，盲目布局"科技园区"和新兴的生物工程、信息技术等价值链高端产业，造成了建设用地的浪费、重复建设和生产力闲置等问题。我国在制定城市群政策时应进一步加强城市功能建设和城市区域分工定位，建立分工明确、层次清晰的城市体系，从顶层设计上打破传统的地域竞争、产业同构，促进城市群向可持续、高质量发展方向转型。

（5）畅通城市群劳动人口、技术人才的流通渠道，以人才流动带动污染减排。从本书的研究来看，劳动分工细化、高低技能劳动力互补、多样化劳动力之间的知识互补能够有效提高城市劳动生产率，给城市环境带来正面效应。对于城市群而言，规模较大的城市对技术人才有一定的虹吸作用，还可以引入低技能服务从业人员进行技能补充；规模较小的专业化城市则可以保留技能相对中等的制造业工人，促进制造业在外围城市专业化生产。另外，在城市人力资本方面，职业技术教育仍普遍受到忽视，应进一步"推动职普融通"，推进高等教育、职业技术教育与培训协调发展。

（6）打破城市群地区间行政分割、促进污染协同治理。本书研究发现行政壁垒阻隔了污染治理的规模化效应，城市群外围跨省份城市的污染要高于同省份外围城市，省内环境减排目标的分解具有很大的裁量空间，在治理上有一体化的特征，但跨省份外围城市难以从城市群中获得这些优势。首先，城市间存在边界污染的问题，省域、城市之间为降低本地污染物排放量，完成本地的环境考评，会在一定程度上推动污染企业在边界设厂，形成以邻为壑的生产—排污模式，形成边界污染问题。这种发展模式使单一城市的减排任务和环境规制无法根治地方环境污染。对于这种情况，区域间的联合治理是必由之路。上述基于地区发展差异的偏向性减排指标是省内类似联合治理的一种手段，但在更宽广的地域空间内则需要更多城市的努力。城市群地区之间经济关联度高、协作认知强、要素资源流动畅通，更容易形成污染的协同治理。事实也是如此，京津冀、长三角和珠三角首先成立了大气污染防治协作小组，珠三角还建立了大气污染联防联控技术示范区，河长制的推行也代表了流域治理协作机制登上了舞台。这种区域性的污染协作小组应该在更广泛的范围内推广设立。其次，地区治污意愿和本地的发展差异与治污能力有关，财政能力不足的地区无法保证本区的污染治理，也很难给予区域联防更多的支持，因此联合小组内部在环境方面进行转移支付也是可行的行政手段。推动环境联合治理组织设立，加强地区间污染行动的沟通，畅通政府和各部门间的协调渠道，对地方污染治理具有重要意义。

8.3 研究展望

本书从城市群角度出发对城市群空间集聚与城市污染规模、分布的关系以及传导机制进行了研究，从产业分工转移、劳动生产要素和环境规制等角度进行了多方面分析，但由于数据和切入点的限制，本书存在以下可进一步研究的方向。

第一，本书主要从城市群空间集聚的治理规模效应角度切入研究，但事实上城市群过度发展带来的集中污染危害也普遍存在，在本书的研究中城市群空间集聚对工业废水污染具有一定的加剧作用，但本书弱化了这一视角的研究，仅从城市群治理规模效应的视角对污染加剧进行解释。实际上污染也存在一定的规模效应，污染企业的集聚可能导致企业间标尺竞争，使企业为降低成本而无底线地产生污染，并将成本转嫁给全体人员。

第二，对污染溢出性的研究不足。污染存在很强的外溢性，本书只通过区分污染物探讨外溢性，以及城市群集聚对不同外溢性污染物的影响。但更深层的机理研究仍旧不足，地方竞争、环境规制类型都是不同外溢性污染在空间上产生异质表现的原因，这点仍需要进一步细化和研究。

第三，尽管本书讨论了城市群产业空间分工对污染物分布的影响，但缺乏对污染行业的研究，譬如高污染的化工、钢铁、有色金属等行业在城市空间上的分布和转移，高污染行业是中心城市产业指导目录中被限制的行业，受到环境规制的影响更大，高污染行业由中心向外转移的过程也在重塑污染的地理分布。笔者将在未来继续研究城市群内污染行业的空间分布。

参考文献

［1］爱德华·格莱泽. 城市的胜利［M］. 刘润泉，译. 上海：上海社会科学院出版社，2012.

［2］蔡宏波，钟超，韩金镕. 交通基础设施升级与污染型企业选址［J］. 中国工业经济，2021（10）：136-155.

［3］柴泽阳，申伟宁. 城市群内部竞争的环境污染效应研究——以中国十大城市群为例［J］. 重庆师范大学学报（社会科学版），2022，42（4）：35-47.

［4］邓玉萍，许和连. 外商直接投资、集聚外部性与环境污染［J］. 统计研究，2016，33（9）：47-54.

［5］狄乾斌，陈小龙，侯智文. "双碳"目标下中国三大城市群减污降碳协同治理区域差异及关键路径识别［J］. 资源科学，2022，44（6）：1155-1167.

［6］樊纲，王小鲁，马光荣. 中国市场化进程对经济增长的贡献［J］. 经济研究，2011，46（9）：4-16.

［7］范剑勇，叶菁文. 国内贸易大循环：基于区域和城市群视角的考察［J］. 学术月刊，2021，53（5）：65-76.

［8］方创琳，陈田，刘盛和. 走进新时代的中国城市地理学——建所70周年城市地理与城市发展研究成果及展望［J］. 地理科学进展，2011，30（4）：397-408.

［9］方创琳，宋吉涛，张蔷，等. 中国城市群结构体系的组成与空间分异格局［J］. 地理学报，2005（5）：827-840.

[10] 方创琳，周成虎，顾朝林，等．特大城市群地区城镇化与生态环境交互耦合效应解析的理论框架及技术路径 [J]．地理学报，2016，71（4）：531-550.

[11] 傅勇，张晏．中国式分权与财政支出结构偏向：为增长而竞争的代价 [J]．管理世界，2007（3）：4-12+22.

[12] 国家发改委国地所课题组，肖金成．我国城市群的发展阶段与十大城市群的功能定位 [J]．改革，2009（9）：5-23.

[13] 韩超，桑瑞聪．环境规制约束下的企业产品转换与产品质量提升 [J]．中国工业经济，2018（2）：43-62.

[14] 韩峰，谢锐．生产性服务业集聚降低碳排放了吗？——对我国地级及以上城市面板数据的空间计量分析 [J]．数量经济技术经济研究，2017，34（3）：40-58.

[15] 韩旭．区域一体化对污染产业空间分布的影响 [D]．上海：上海财经大学，2020.

[16] 贺灿飞，肖晓俊，邹沛思．中国城市正在向功能专业化转型吗？——基于跨国公司区位战略的透视 [J]．城市发展研究，2012，19（3）：20-29.

[17] 胡安军，郭爱君，钟方雷，等．高新技术产业集聚能够提高地区绿色经济效率吗？[J]．中国人口·资源与环境，2018，28（9）：93-101.

[18] 胡晓，冯乾彬，宫大庆，等．技术进步偏向性对中国城市碳中和进程的作用机制 [J]．中国人口·资源与环境，2022，32（7）：91-103.

[19] 胡志高，李光勤，曹建华．环境规制视角下的区域大气污染联合治理——分区方案设计、协同状态评价及影响因素分析 [J]．中国工业经济，2019（5）：24-42.

[20] 黄金川，方创琳．城市化与生态环境交互耦合机制与规律性分析 [J]．地理研究，2003（2）：211-220.

[21] 黄金川，刘倩倩，陈明．基于 GIS 的中国城市群发育格局识别研究 [J]．城市规划学刊，2014（3）：37-44.

[22] 黄志基，贺灿飞，杨帆，等．中国环境规制、地理区位与企业生产率

增长［J］. 地理学报，2015，70（10）：1581-1591.

［23］江艇，孙鲲鹏，聂辉华. 城市级别、全要素生产率和资源错配［J］. 管理世界，2018，34（3）：38-50+77+183.

［24］景维民，王瑶，莫龙炯. 教育人力资本结构、技术转型升级与地区经济高质量发展［J］. 宏观质量研究，2019，7（4）：18-32.

［25］克里斯塔勒. 德国南部中心地原理［M］. 常正，等译. 北京：商务印书馆，2010.

［26］库姆斯，迈耶，蒂斯，等. 经济地理学：区域和国家一体化［M］. 安虎森，颜银根，徐杨，等译. 北京：中国人民大学出版社，2011.

［27］李静，杨娜，陶璐. 跨境河流污染的"边界效应"与减排政策效果研究——基于重点断面水质监测周数据的检验［J］. 中国工业经济，2015（3）：31-43.

［28］李娟. 中国生态文明制度建设40年的回顾与思考［J］. 中国高校社会科学，2019（2）：33-42+158.

［29］李侃如，李继龙. 中国的政府管理体制及其对环境政策执行的影响［J］. 经济社会体制比较，2011（2）：142-147.

［30］李廉水，周勇. 技术进步能提高能源效率吗？——基于中国工业部门的实证检验［J］. 管理世界，2006（10）：82-89

［31］李琳，刘瑞. 创新要素流动对城市群协同创新的影响——基于长三角城市群与长江中游城市群的实证［J］. 科技进步与对策，2020，37（16）：56-63.

［32］李培鑫，张学良. 城市群集聚空间外部性与劳动力工资溢价［J］. 管理世界，2021，37（11）：9+121-136+183.

［33］李勇刚，张鹏. 产业集聚加剧了中国的环境污染吗——来自中国省级层面的经验证据［J］. 华中科技大学学报（社会科学版），2013，27（5）：97-106.

［34］梁文泉，陆铭. 城市人力资本的分化：探索不同技能劳动者的互补和空间集聚［J］. 经济社会体制比较，2015，179（3）：185-197.

［35］廖楚晖，杨超．人力资本结构与地区经济增长差异［J］．财贸经济，2008，320（7）：54-56+68.

［36］林伯强，蒋竺均．中国二氧化碳的环境库兹涅茨曲线预测及影响因素分析［J］．管理世界，2009（4）：27-36.

［37］林永生．中国大气污染防治重点区污染物排放的驱动因素研究［J］．中国人口·资源与环境，2016，26（S2）：65-68.

［38］刘习平，宋德勇．城市产业集聚对城市环境的影响［J］．城市问题，2013（3）：9-15.

［39］刘修岩，陈子扬．城市体系中的规模借用与功能借用——基于网络外部性视角的实证检验［J］．城市问题，2017（12）：12-19.

［40］卢洪友，张奔．长三角城市群的污染异质性研究［J］．中国人口·资源与环境，2020，30（8）：110-117.

［41］陆铭，冯皓．集聚与减排：城市规模差距影响工业污染强度的经验研究［J］．世界经济，2014，37（7）：86-114.

［42］陆铭，高虹，佐藤宏．城市规模与包容性就业［J］．中国社会科学，2012（10）：47-66+206.

［43］陆铭，向宽虎，陈钊．中国的城市化和城市体系调整：基于文献的评论［J］．世界经济，2011，34（6）：3-25.

［44］逯进，赵亚楠，高艳云．我国省域人口结构对环境污染影响的异质性研究——基于有限混合模型［J］．统计研究，2022，39（11）：88-101.

［45］吕康娟，蔡大霞．城市群功能分工、工业技术进步与工业污染——来自长三角城市群的数据检验［J］．科技进步与对策，2020，37（14）：47-55.

［46］马丽梅，张晓．中国雾霾污染的空间效应及经济、能源结构影响［J］．中国工业经济，2014（4）：19-31.

［47］宁越敏，施倩，查志强．长江三角洲都市连绵区形成机制与跨区域规划研究［J］．城市规划，1998（1）：16-20+32.

［48］裴丽岚．国内外城市群研究的理论与实践［J］．城市观察，2011（5）：164-173.

［49］任晓松，刘宇佳，赵国浩．经济集聚对碳排放强度的影响及传导机制［J］．中国人口・资源与环境，2020，30（4）：95-106.

［50］邵帅，张可，豆建民．经济集聚的节能减排效应：理论与中国经验［J］．管理世界，2019，35（1）：36-60+226.

［51］沈坤荣，金刚，方娴．环境规制引起了污染就近转移吗？［J］．经济研究，2017，52（5）：44-59.

［52］沈坤荣，周力．地方政府竞争、垂直型环境规制与污染回流效应［J］.经济研究，2020，55（3）：35-49.

［53］宋吉涛，赵晖，陆军，等．基于投入产出理论的城市群产业空间联系［J］．地理科学进展，2009，28（6）：932-943.

［54］宋鹏，朱琪，张慧敏．环境规制执行互动与城市群污染治理［J］．中国人口・资源与环境，2022，32（3）：49-61.

［55］谭志雄，张阳阳．财政分权与环境污染关系实证研究［J］．中国人口・资源与环境，2015，25（4）：110-117.

［56］唐为．分权、外部性与边界效应［J］．经济研究，2019，54（3）：103-118.

［57］田光辉，苗长虹，胡志强，等．环境规制、地方保护与中国污染密集型产业布局［J］．地理学报，2018，73（10）：1954-1969.

［58］万庆，曾菊新．基于空间相互作用视角的城市群产业结构优化——以武汉城市群为例［J］．经济地理，2013，33（7）：102-108.

［59］王兵，聂欣．产业集聚与环境治理：助力还是阻力——来自开发区设立准自然实验的证据［J］．中国工业经济，2016（12）：75-89.

［60］王飞．小城镇与借用规模［J］．城市观察，2016（6）：30-39.

［61］王枫云，陈亚楠．城市群病：产生诱因与治理对策［J］．城市观察，2017（4）：39-49.

［62］王海虹，卢正惠．人力资本集聚对城市群经济发展影响分析——以长三角城市群为例［J］．商业经济，2017（6）：6-11+17.

［63］王贤彬，吴子谦．城市群中心城市驱动外围城市经济增长［J］．产业

经济评论, 2018 (3): 54-71.

[64] 王艳华, 苗长虹, 胡志强, 等. 专业化、多样性与中国省域工业污染排放的关系 [J]. 自然资源学报, 2019, 34 (3): 586-599.

[65] 魏后凯. 大都市区新型产业分工与冲突管理——基于产业链分工的视角 [J]. 中国工业经济, 2007 (2): 28-34.

[66] 吴传清, 李浩. 关于中国城市群发展问题的探讨 [J]. 经济前沿, 2003 (Z1): 29-31.

[67] 席强敏, 陈曦, 李国平. 中国城市生产性服务业模式选择研究——以工业效率提升为导向 [J]. 中国工业经济, 2015 (2): 18-30.

[68] 夏怡然, 陆铭. 城市间的"孟母三迁"——公共服务影响劳动力流向的经验研究 [J]. 管理世界, 2015 (10): 78-90.

[69] 夏友富. 外商投资中国污染密集产业现状、后果及其对策研究 [J]. 管理世界, 1999 (3): 109-123.

[70] 谢卓廷. 城市群一体化对经济增长的影响研究 [D]. 南昌: 江西财经大学, 2021.

[71] 徐辉, 杨烨, 聂都. 财政分权对中国十大城市群环境污染的影响路径 [J]. 城市问题, 2017 (6): 14-24.

[72] 徐维祥, 舒季君, 唐根年. 中国工业化、信息化、城镇化和农业现代化协调发展的时空格局与动态演进 [J]. 经济学动态, 2015 (1): 76-85.

[73] 徐志伟, 刘晨诗. 环境规制的"灰边"效应 [J]. 财贸经济, 2020, 41 (1): 145-160.

[74] 徐志伟, 殷晓蕴, 王晓晨. 污染企业选址与存续 [J]. 世界经济, 2020, 43 (7): 122-145.

[75] 许和连, 邓玉萍. 外商直接投资导致了中国的环境污染吗?——基于中国省际面板数据的空间计量研究 [J]. 管理世界, 2012 (2): 30-43.

[76] 许政, 陈钊, 陆铭. 中国城市体系的"中心-外围模式" [J]. 世界经济, 2010, 33 (7): 144-160.

[77] 宣烨, 余泳泽. 生产性服务业集聚对制造业企业全要素生产率提升研

究——来自 230 个城市微观企业的证据［J］.数量经济技术经济研究，2017，34（2）：89-104.

［78］闫逢柱，苏李，乔娟.产业集聚发展与环境污染关系的考察——来自中国制造业的证据［J］.科学学研究，2011，29（1）：79-83+120.

［79］杨帆，周沂，贺灿飞.产业组织、产业集聚与中国制造业产业污染［J］.北京大学学报（自然科学版），2016，52（3）：563-573.

［80］杨海生，贾佳，周永章，等.贸易、外商直接投资、经济增长与环境污染［J］.中国人口·资源与环境，2005（3）：99-103.

［81］杨敏.经济集聚与城市环境污染排放的非线性效应研究［J］.软科学，2016，30（9）：117-122.

［82］杨仁发.产业集聚能否改善中国环境污染［J］.中国人口·资源与环境，2015，25（2）：23-29.

［83］杨桐彬，朱英明，张云矿.区域一体化能否缓解制造业产能过剩——基于长江经济带发展战略的研究［J］.产业经济研究，2021（6）：58-72.

［84］杨小凯，张定胜，张永生.发展经济学：超边际与边际分析［M］.北京：社会科学文献出版社，2003.

［85］叶舜赞.城市化与城市体系［M］.北京：科学出版社，1994.

［86］于洪俊.城市地理概论［M］.合肥：安徽科学技术出版社，1983.

［87］余泳泽，林彬彬.偏向性减排目标约束与技术创新——"中国式波特假说"的检验［J］.数量经济技术经济研究，2022，39（11）：113-135.

［88］余泳泽，刘大勇，宣烨.生产性服务业集聚对制造业生产效率的外溢效应及其衰减边界——基于空间计量模型的实证分析［J］.金融研究，2016（2）：23-36.

［89］余泳泽，尹立平.中国式环境规制政策演进及其经济效应：综述与展望［J］.改革，2022（3）：114-130.

［90］原毅军，谢荣辉.产业集聚、技术创新与环境污染的内在联系［J］.科学学研究，2015，33（9）：1340-1347.

［91］张华.地区间环境规制的策略互动研究——对环境规制非完全执行普

遍性的解释 [J]. 中国工业经济, 2016 (7): 74-90.

[92] 张娟, 潘庚飞. 资源错配对经济增长的影响研究评述 [J]. 江苏经贸职业技术学院学报, 2022 (3): 14-17.

[93] 张冀新. 城市群现代产业体系形成机理及评价 [D]. 武汉: 武汉理工大学, 2009.

[94] 张可, 豆建民. 集聚与环境污染——基于中国 287 个地级市的经验分析 [J]. 金融研究, 2015 (12): 32-45.

[95] 张可, 汪东芳. 经济集聚与环境污染的交互影响及空间溢出 [J]. 中国工业经济, 2014 (6): 70-82.

[96] 张可. 区域一体化有利于减排吗? [J]. 金融研究, 2018, 451 (1): 67-83.

[97] 张小筠, 刘戒骄. 新中国 70 年环境规制政策变迁与取向观察 [J]. 改革, 2019 (10): 16-25.

[98] 赵阳, 沈洪涛, 刘乾. 中国的边界污染治理——基于环保督查中心试点和微观企业排放的经验证据 [J]. 经济研究, 2021, 56 (7): 113-126.

[99] 赵勇, 白永秀. 中国城市群功能分工测度与分析 [J]. 中国工业经济, 2012 (11): 18-30.

[100] 赵勇, 魏后凯. 政府干预、城市群空间功能分工与地区差距——兼论中国区域政策的有效性 [J]. 管理世界, 2015, 263 (8): 14-29+187.

[101] 郑思齐, 万广华, 孙伟增, 等. 公众诉求与城市环境治理 [J]. 管理世界, 2013 (6): 72-84.

[102] 周浩, 郑越. 环境规制对产业转移的影响——来自新建制造业企业选址的证据 [J]. 南方经济, 2015 (4): 12-26.

[103] 周一星. 城市地理学 [M]. 北京: 商务印书馆, 1995.

[104] 朱喜, 史清华, 盖庆恩. 要素配置扭曲与农业全要素生产率 [J]. 经济研究, 2011, 46 (5): 86-98.

[105] 朱智洺, 李亚洁, 符磊. 城市群扩容能否降低工业废水污染?——以长三角为例 [J]. 资源与产业, 2022, 24 (5): 81-89.

［106］ Abdel-Rahman H M, Fujita M. Specialization and diversification in a system of cities ［J］. Journal of Urban Economics, 1993, 33 (2): 189-222.

［107］ Abdel-Rahman H, Fujita M. Product variety, marshallian externalities, and city sizes ［J］. Journal of Regional Science, 1990, 30 (2): 165-183.

［108］ Alonso W. Urban zero population growth ［J］. Daedalus, 1973, 109: 191-206.

［109］ Anas A, Xiong K. Intercity trade and the industrial diversification of cities ［J］. Journal of Urban Economics, 2003, 54 (2): 258-276.

［110］ Anas A. Vanishing cities: What does the new economic geography imply about the efficiency of urbanization? ［J］. Journal of Economic Geography, 2004, 4 (2): 181-199.

［111］ Antweiler W, Copeland B R, Taylor M S. Is free trade good for the environment? ［J］. The American Economic Review, 2001, 91 (4): 877-908.

［112］ Au C C, Henderson J V. Are Chinese cities too small? ［J］. The Review of Economic Studies, 2006, 73 (3): 549-576.

［113］ Baldwin R, Forslid R, Martin P, et al. Economic geography and public policy ［M］. Princeton: Princeton University Press, 2011.

［114］ Beckerman W. Economic growth and the environment: Whose growth? Whose environment? ［J］. World development, 1992, 20 (4): 481-496.

［115］ Cai H, Chen Y, Gong Q. Polluting thy neighbor: Unintended consequences of China's pollution reduction mandates ［J］. Journal of Environmental Economics and Management, 2016, 76: 86-104.

［116］ Chen X, Cui Z, Fan M, et al. Producing more grain with lower environmental costs ［J］. Nature, 2014, 514 (7523): 486-489.

［117］ Chen X, Huang B. Club membership and transboundary pollution: Evidence from the European Union enlargement ［J］. Energy Economics, 2016, 53: 230-237.

［118］ Cole M A. Air pollution and 'dirty' industries: How and why does the composition of manufacturing output change with economic development? [J]. Environmental and Resource Economics, 2000, 17 (1): 109-123.

[119] Cole M A. Trade, the pollution haven hypothesis and the environmental Kuznets curve: Examining the linkages [J]. Ecological Economics, 2004, 48 (1): 71-81.

[120] Copeland B R, Taylor M S. North-South trade and the environment [J]. The Quarterly Journal of Economics, 1994, 109 (3): 755-787.

[121] Copeland B R, Taylor M S. Trade, growth, and the environment [J]. Journal of Economic Literature, 2004, 42 (1): 7-71.

[122] Copeland B R, Taylor M S. Trade, spatial separation, and the environment [J]. Journal of International Economics, 1999, 47 (1): 137-168.

[123] Cremer H, Gahvari F. Environmental taxation, tax competition, and harmonization [J]. Journal of Urban Economics, 2004, 55 (1): 21-45.

[124] Dietz T, Rosa E A. Rethinking the environmental impacts of population, affluence and technology [J]. Human Ecology Review, 1994, 1 (2): 277-300.

[125] Dinda P A, O' Hallaron D R. Host load prediction using linear models [J]. Cluster Computing, 2000, 3 (4): 265-280.

[126] Dixit A K, Stiglitz J E. Monopolistic competition and optimum product diversity [J]. The American Economic Review, 1977, 67 (3): 297-308.

[127] Doxiadis C A. Man's movement and his settlements? [J]. International Journal of Environmental Studies, 1970, 1 (1-4): 19-30.

[128] Duncan O D. Fertility of the village population in Pennsylvania, 1940 [J]. Social Forces, 1950, 28 (3): 304-309.

[129] Duranton G, Puga D. From sectoral to functional urban specialisation [J]. Journal of Urban Economics, 2005, 57 (2): 343-370.

[130] Duranton G, Puga D. Micro-foundations of urban agglomeration economies [J]. Handbook of Regional and Urban Economics, 2004, 4: 2063-2117.

[131] Forslid R, Okubo T. Which firms are left in the periphery? Spatial sorting

of heterogeneous firms with scale economies in transportation [J]. Journal of Regional Science, 2015, 55 (1): 51-65.

[132] Friedmann J R. The world city hypothesis: Development and change [J]. Urban Studies, 1986, 23 (2): 59-137.

[133] Friedmann J, Alonso W. Regional development and planning: A reader [M]. Cambridge: MIT Press, 1964.

[134] Friedmann J. Poor regions and poor nations: Perspectives on the problem of Appalachia [J]. Southern Economic Journal, 1966: 465-473.

[135] Fujita M, Krugman P R, Venables A. The spatial economy: Cities, regions, and international trade [M]. Cambridge: MIT Press, 2001.

[136] Fujita M, Krugman P, Mori T. On the evolution of hierarchical urban systems [J]. European Economic Review, 1999, 43 (2): 209-251.

[137] Geddes P. Cities in evolution: An introduction to the town planning movement and to the study of civics [M]. London: Williams, 1915.

[138] Giffinger R, Fertner C, Kalasek R, et al. Smart cities: Ranking of European medium-sized cities [R]. Centre of Regional Science, Vienna University of Technology, 2007.

[139] Glaeser E L, Kallal H D, Scheinkman J A, et al. Growth in cities [J]. Journal of Political Economy, 1992, 100 (6): 1126-1152.

[140] Glaeser E L, Ponzetto G A M, Zou Y. Urban networks: Connecting markets, people, and ideas [J]. Papers in Regional Science, 2016, 95 (1): 17-59.

[141] Glaeser E L. Triumph of the city: How our greatest invention makes us richer, smarter, greener, healthier, and happier (an excerpt) [J]. Journal of Economic Sociology, 2013, 14 (4): 75-94.

[142] Gottmann J. Megalopolis or the urbanization of the northeastern seaboard [J]. Economic Geography, 1957, 33 (3): 189-200.

[143] Grossman G M, Krueger A B. Environmental impacts of a North American free trade agreement [R]. NBER Working Paper, 1991.

［144］ Guo W, Sun T, Dai H. Effect of population structure change on carbon e-mission in China ［J］. Sustainability, 2016, 8 (3): 225-245.

［145］ Gómez-Calvet R, Conesa D, Gómez-Calvet A R, et al. Energy efficiency in the European Union: What can be learned from the joint application of directional distance functions and slacks-based measures? ［J］. Applied Energy, 2014, 132: 137-154.

［146］ Haggett P, Cliff A D. Locational models ［M］. London: Edward Amold Ltd. , 1977.

［147］ Harris C D. The market as a factor in the localization of industry in the United States ［J］. Annals of the Association of American Geographers, 1954, 44 (4): 315-348.

［148］ Henderson J V. Marshall's scale economies ［J］. Journal of Urban Economics, 2003, 53 (1): 1-28.

［149］ Henderson V, Kuncoro A, Turner M. Industrial development in cities ［J］. Journal of Political Economy, 1995, 103 (5): 1067-1090.

［150］ Jacobs J . The economy of cities ［M］. New York: Random House, 1969.

［151］ Jacobs W, Ducruet C, De Langen P. Integrating world cities into production networks: The case of port cities ［J］. Global Networks, 2010, 10 (1): 92-113.

［152］ Kaufmann R K, Davidsdottir B, Garnham S, et al. The determinants of atmospheric SO_2 concentrations: Reconsidering the environmental Kuznets curve ［J］. Ecological Economics, 1998, 25 (2): 209-220.

［153］ Krugman P. Scale economies, product differentiation, and the pattern of trade ［J］. The American Economic Review, 1980, 70 (5): 950-959.

［154］ Machin S. Wage inequality in the UK ［J］. Oxford Review of Economic Policy, 1996, 12 (1): 47-64.

［155］ Marshall A. Principles of economics: 8th ed. ［M］. London: Mcmillan, 1890.

［156］ Meijers E J, Burger M J, Hoogerbrugge M M . Borrowing size in networks of cities: City size, network connectivity and metropolitan functions in Europe [J]. Papers in Regional Science, 2016, 95 (1): 181-198.

[157] Meijers E J, Burger M J. Stretching the concept of "borrowed size" [J]. Urban Studies, 2017, 54 (1): 269-291.

[158] Morgenstern R D, Pizer W A, Shih J S. Jobs versus the environment: An industry-level perspective [J]. Journal of Environmental Economics and Management, 2002, 43 (3): 412-436.

[159] Morgenstern R, Raknerud A. Do environmental standards harm manufacturing employment? [J]. Scandinavian Journal of Economics, 1997, 99 (1): 29-44.

[160] Panayotou T. Empirical tests and policy analysis of environmental degradation at different stages of economic development [R]. Geneva: International Labour Office, 1993.

[161] Perman R, Stern D I. Evidence from panel unit root and cointegration tests that the environmental Kuznets curve does not exist [J]. Australian Journal of Agricultural and Resource Economics, 2003, 47 (3): 325-347.

[162] Perroux F. Note sur la notion de "pôle de croissance" [J]. Harlow Économie Appliqve, 1955, 8: 307-320.

[163] Phelps N A, Fallon R J, Williams C L. Small firms, borrowed size and the urban-rural shift [J]. Regional Studies, 2001, 35 (7): 613-624.

[164] Porter M E, van der Linde C. Toward a new conception of the environment-competitiveness relationship [J]. Journal of Economic Perspectives, 1995, 9 (4): 97-118.

[165] Puga D. The magnitude and causes of agglomeration economies [J]. Journal of Regional Science, 2010, 50 (1): 203-219.

[166] Shafik N. Economic development and environmental quality: An econometric analysis [J]. Oxford Economic Papers, 1994, 46 (Supplement_1): 757-773.

[167] Sigman H. Transboundary spillovers and decentralization of environmental

policies [J]. Journal of Environmental Economics and Management, 2005, 50 (1): 82-101.

[168] Taylor M S. Unbundling the pollution haven hypothesis [J]. Advances in Economic Analysis and Policy, 2005, 4 (2): 82-101.

[169] Unruh G C, Moomaw W R. An alternative analysis of apparent EKC-type transitions [J]. Ecological Economics, 1998, 25 (2): 221-229.

[170] Verhoef E T, Nijkamp P. Externalities in urban sustainability: Environmental versus localization-type agglomeration externalities in a general spatial equilibrium model of a single-sector monocentric industrial city [J]. Ecological Economics, 2002, 40 (2): 157-179.

[171] Vukina T, Beghin J C, Solakoglu E G. Transition to markets and the environment: Effects of the change in the composition of manufacturing output [J]. Environment and Development Economics, 1999, 4 (4): 582-598.

[172] Zeng D Z, Zhao L. Pollution havens and industrial agglomeration [J]. Journal of Environmental Economics and Management, 2009, 58 (2): 141-153.

[173] Zhu K, Dong S, Xu S X, et al. Innovation diffusion in global contexts: Determinants of post-adoption digital transformation of European companies [J]. European Journal of Information Systems, 2006, 15 (6): 601-616.